永磁直线同步电机直驱电梯运行控制

张宏伟　王新环　著

中国矿业大学出版社

内 容 提 要

本书介绍了永磁直线同步电机直驱电梯的发展概况，分析了直线电机直驱电梯的结构及特点，研究了动子位置变化对绕组分段永磁直线同步电机电磁参数的影响规律。提出了永磁直线同步电机直接推力控制及PLC绕组切换运行控制的总体方案，确定了动子位置检测及绕组切换控制方法，阐述了永磁直线同步电机直接推力控制原理。针对位置传感器信号丢失引起的失步问题，提出一种容错切换控制方法，说明了容错切换控制的实现思路。最后，以家用永磁直线同步电机直驱电梯为对象，对直线电机直驱电梯运行控制系统进行了分析和设计。

本书可作为高等院校电气工程、控制工程专业研究生的教学参考书，也可供从事相关领域设计、制造的科研人员和工作人员参考。

图书在版编目(CIP)数据

永磁直线同步电机直驱电梯运行控制 / 张宏伟，王新环著.
—徐州：中国矿业大学出版社，2018.10

ISBN 978-7-5646-3890-0

Ⅰ.①永… Ⅱ.①张… ②王… Ⅲ.①永磁同步电机—电力传动—电梯—高等学校—教材 Ⅳ.①TU857

中国版本图书馆 CIP 数据核字(2018)第 020668 号

书　　名　永磁直线同步电机直驱电梯运行控制
著　　者　张宏伟　王新环
责任编辑　仓小金　何晓惠
出版发行　中国矿业大学出版社有限责任公司
（江苏省徐州市解放南路　邮编 221008）
营销热线　(0516)83885307　83884995
出版服务　(0516)83885767　83884920
网　　址　http://www.cumtp.com　**E-mail**:cumtpvip@cumtp.com
印　　刷　江苏凤凰数码印务有限公司
开　　本　787×960　1/16　**印张** 7.5　**字数** 143 千字
版次印次　2018 年 10 月第 1 版　2018 年 10 月第 1 次印刷
定　　价　28.00 元

（图书出现印装质量问题，本社负责调换）

前　言

电梯进入人们的生活已经有160多年，它极大地方便了人们的生活。作为现代城市高层建筑的运输工具，电梯运载压力不断加大。随着提升高度逐渐增加，传统钢丝绳牵引电梯的运载能力正在逼近极限。

直线电机直驱电梯是一种新型的电梯驱动模式，这种电梯与传统缆绳电梯完全不同。它采用直线电机直接驱动轿厢，直线电机动子相对于定子的运动，就是轿厢相对于导轨的运动。这种驱动模式不用钢丝绳吊挂轿厢，打破了钢丝绳的种种限制：

（1）省去了中间机械传动装置和提升钢丝绳，电机动子与轿厢的运动距离不受设备限制，使其更适合于超高层建筑提升。

（2）没有牵引钢丝绳，容易实现高速运行，提高了工作效率。

（3）没有钢丝绳、配重的限制，可以实现多轿厢循环运行，大大提高井道的利用率，减少电梯和井道的数量。

（4）安全可靠，具备多重多级保护功能，可靠性高。

近年来，随着直线电机理论、变频驱动技术、计算机控制技术的发展，直线电机直驱电梯发展迅速，本书正是这一背景下的研究成果。本书主要介绍绕组分段永磁直线同步电机直驱无绳电梯的运行控制。全书共分6章，各章主要内容如下：

第一章介绍电梯的发展概况，直线电机的分类，永磁直线同步电机的结构、原理及控制方法，直驱电梯的发展现状。

第二章在介绍直线电机驱动方案及直驱电梯结构的基础上，分析了定子绕组调度策略给出了绕组切换控制整体设计方案。

第三章介绍了单段永磁直线同步电机数学模型的建模方法。

第四章介绍了动子位置变化对电机参数的影响规律，建立了绕组分段 PMLSM 直驱电梯整体数学模型。

第五章介绍了永磁直线同步电机直接推力控制的原理，并利用 MATLAB 软件，给出了直接推力控制仿真实现方法。

第六章首先介绍了绕组切换信号的检测及驱动控制，提出了一种容错切换控制方法，说明了容错切换控制的实现思路。最后，以家用永磁直线同步电机直驱电梯为对象，对直线电机直驱电梯运行控制系统进行了分析和设计，开展了相关实验验证，给出了实验结果。

本书的出版得到了河南省自然科学基金项目(162300410349)、河南省高校控制工程重点学科开放课题(KG2014-05)、河南理工大学基本科研业务费(NSFRF140118)、河南理工大学博士基金(672103/001/122)、电气工程与自动化学院中青年拔尖创新人才项目(660807/016)的资助，在此表示感谢。

本书由河南理工大学张宏伟、王新环撰写。在本书的撰写过程中，得到了河南理工大学电气工程与自动化学院、直驱电梯产业技术研究院的支持，书中参考和引用了国内外同行专家和学者的相关研究成果，在此一并表示衷心的感谢。

由于著者水平所限，书中错误或不当之处在所难免，欢迎读者批评指正。

著者

2017 年 12 月

目　　录

第一章 绪 论

第一节 电梯发展概况

1845 年,英国人汤姆逊制成了世界上第一台液压升降机[1,2]。当时由于升降机功能不够完善,难以保障安全,故较少用于载人。1852 年,美国机械工程师奥的斯(Elisha Graves Otis)在一次展览会上向公众展示了他的发明,从此宣告了电梯的诞生,也打消了人们长期对升降机安全性的质疑,随后奥的斯组建成立了奥的斯电梯公司。1857 年,奥的斯公司在纽约安装了世界第一台客运升降机;1889 年,奥的斯公司制成使用了世界上第一台以直流电动机驱动的升降机;1903 年,奥的斯公司采用了曳引驱动方式代替了卷筒驱动,提高了电梯传动系统的通用性;同时也成功制造出有齿轮减速曳引式高速电梯,使电梯传动设备重量和体积大幅度缩小,增强了安全性,并成为沿用至今的电梯曳引式传动的基本型式[1-3]。

1976 年,日本富士达公司开发了速度为 10 m/s 的直流无齿轮曳引电梯;1977 年,日本三菱电机公司开发了可控硅控制的无齿轮曳引电梯;1979 年,奥的斯公司开发了第一台基于微机的电梯控制系统,使电梯控制进入了一个崭新的发展时期;1983 年,日本三菱电机公司开发了世界上第一台变频变压调速电机,并于 1990 年将此变频调速系统用于液压电梯驱动;1996 年,芬兰通力电梯公司发布了最新设计的无机房电梯 MonoSpace,由 Ecodisk 扁平的永磁同步电动机变压变频调速驱动,电机固定在井道顶部侧面,由曳引钢丝绳传动牵引轿厢;1996 年,日本三菱电机公司开发了采用永磁同步无齿轮曳引机和双盘式制动系统的双层轿厢高速电梯,安装在上海 Mori 大厦;1997 年,迅达电梯公司展示了 Mobile 无机房电梯,该电梯不需曳引绳和承载井道,自驱动轿厢在自支撑的铝制导轨上垂直运行[1-3]。

随着现代建筑物楼层的不断升高,电梯的运行速度、载重量也在不断提高。世界上电梯速度最高已经达到 16 m/s,但从人体对加速度的适应能力、气压变化的承受能力和实际使用电梯停层的考虑,一般将电梯的速度限制在 10 m/s 以下[1-3]。

目前，为了降低建筑物造价，提高建筑面积的有效利用率，无机房电梯被大量使用。它无须建造普通意义上的机房，对井道顶层楼板及井道没有特殊要求，这样既节约了机房建造费用，又提高了井道的利用率。此种电梯曳引机是将电动机、曳引轮、制动器等合为一体，安装在井道上方的导轨上，或采用行星齿轮减速器，是一种长寿命的曳引机[1-4]。

随着高层建筑不断向空中延伸，提升高度逐渐增加，若仍采用传统的钢丝绳牵引提升模式将遇到以下难以克服的问题[6-10]：

(1) 受钢丝绳的强度、单位长度的绳重、安全系数、根数和轿厢重量等因素的影响，一次提升高度受到限制，有时需要多级提升。同时，钢丝绳过长弹性变形大，导致轿厢振动和提升系统控制困难。

(2) 受钢丝绳缠绕速度的限制，提升速度不能太高。

(3) 占去大量宝贵的建筑空间，系统惯量大，运行效率低。

鉴于此，研究探索新的提升模式，替代传统的钢丝绳牵引模式具有十分重要的意义。直线电机驱动的无绳提升系统因其自身优点成为解决超高层建筑提升的热点研究课题[6-10]。永磁直线同步电机(Permanent Magnet Linear Synchronous Motor，PMLSM)及其伺服系统以响应速度快、定位精度高、行程不受限制、节能高效等优点，成为无绳提升系统的理想驱动源[7,11-13]。

PMLSM 直驱无绳提升系统采用电枢绕组(初级)作为定子铺设在直线型轨道上，将永磁体动子(次级)与轿厢相连。直线电机动子相对于定子的运动，就是轿厢相对于导轨的运动。这种系统不用钢丝绳吊挂轿厢，打破了钢丝绳的种种限制[7-9,11-13,28-29]：

(1) PMLSM 的动子与轿厢为一个整体，直接驱动轿厢做上下运动，省去了中间机械传动装置和提升钢丝绳，电机动子与轿厢的运动距离不受设备限制，使其更适合于超高层建筑提升。

(2) 可实现高速提升，提高了工作效率。由于采用直线电机动子直接驱动轿厢，没有牵引钢丝绳，容易实现高速运行；该提升系统的提升速度为 $v=2f\tau$(τ 为电机的极距，f 为供电频率)。提升高度的增加只需要适当增加电机定子铺设的高度，适应性强。

(4) 传统的电梯受限于复杂的钢丝绳传动装置使其不可能在垂直运行的情况下再水平运行，而直线电机电梯没有钢丝绳、配重的限制，只需要加装水平的电磁导轨，既可以使其垂直运行又可以使其水平运行。这样的好处在于在一个电梯井道内可以存在多个轿厢同时运行，这将大大提高井道的利用率，减少电梯和井道的数量，整体造价低。

(5) 安全可靠。在系统失电和紧急情况下，除工作制动器、安全钳、缓冲器三重常规的保护之外，还有第四重 PMLSM 自身固有的断电发电制动保护，理论上可完全避免坠罐的严重事故，安全性显著提高。

从 20 世纪 90 年代开始日本、德国等国家就开展直线电机电梯的研究工作，在电机设计、控制、信号检测等方面取得了一系列重要研究成果。三菱电机株式会社[14,15]于 1991 年发明了利用直线电动机驱动的电梯，并将成果申请了专利，专利中的电梯采用永磁直线同步电机驱动，对直线电动机电梯的结构及安装布置方式进行了说明。

近年来，随着直线电机理论、变频驱动技术、计算机控制技术的发展，直线电机电梯发展迅速，但仍有许多关键问题亟待解决。本书主要介绍绕组分段永磁直线同步电动机直驱无绳电梯的运行控制。

第二节 直线电机的分类

直线电机是把旋转电机的定子、转子和气隙分别展开成直线形状，将电能直接转变为直线运动动能的电机[16-18]。直线电机的基本结构如图 1-1 所示。

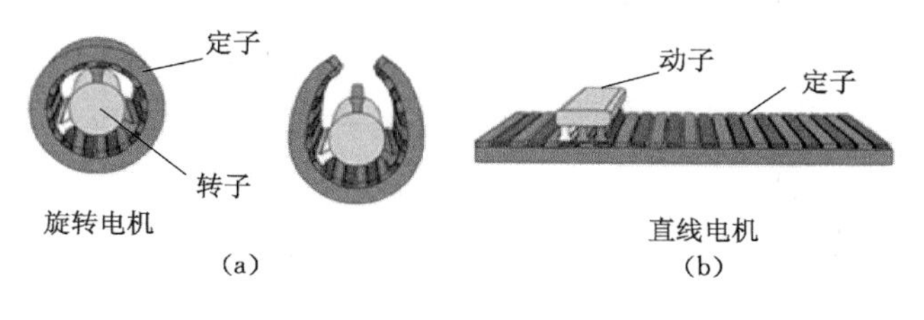

图 1-1 直线电机的基本结构

(a) 沿径向剖开；(b) 拉伸呈直线型

直线电机的历史最早可以追溯到 19 世纪 40 年代，伦敦大学国王学院的 Charles Wheatstone 提出和制作了直线电机的雏形，但并不成功，之后直线电机的发展经历了漫长而艰难的历史。进入 20 世纪 80 年代，随着材料技术、电子技术、电机控制理论以及电力电子器件的不断发展，直线电机的理论和应用得到了迅速发展。特别是近年来，由于高速、高精度机床进给系统的需要，直线电机的优越性逐步体现出来，直线电机的研究重新成为热点，实践上引人注目的增长和工业应用的显著受益使其逐渐成熟[16-18]。

直线电机的种类较多，基本上每种旋转电机都有与之对应的直线电机。直线电机按不同的标准有不同的分类方法[16]。

(1) 按结构形式分类：可分为平板型、圆筒型、圆盘型和圆弧型。

其中平板型直线电机又可分为单边型和双边型，每种型式下又可分为短初级长次级、长初级短次级。

(2) 按工作原理分类：可以分为直线感应电机（Linear Induction Motor，LIM）、直线同步电机（Linear Synchronous Motor，LSM）、直线开关磁阻电机（Linear Switched Reluctance Motor，LSRM）等。

表 1-1 为常用直线电机的分类。

表 1-1　　常用直线电机的分类

原理		直流式	感应式	同步式	磁阻式
构造	结构形式	单边平板型	双边平板型	圆筒型	圆盘型
	动子长短	短初级长次级		长初级短次级	
	磁通方向	横向磁通式		径向磁通式	
电源		直流		交流	

直线感应电机具有结构简单、成本低等优点，但其效率、功率因数较低。而直线同步电机效率和功率因数较高，但是其动子装配困难、电机成本较高。相比较而言，由于直线同步电机效率和功率因数高，在实际应用中前景广阔。在高性能的永磁材料，特别是 NdFeB 出现后，永磁直线同步电机因其推力电流比高、损耗小、效率高、响应速度快等优点，越来越受到重视[16,17]。

第三节　永磁直线同步电机结构及工作原理

一、永磁直线同步电机基本结构

永磁直线同步电机是旋转同步电机在结构上的一种演变，相当于把旋转同步电机的定子和转子沿轴向剖开，然后展开成直线。由定子演变而来的一侧称为初级，转子演变而来的一侧称为次级[16-18]。由此得到了直线电机的定子和动子，图 1-2 为其转变过程。

与普通旋转同步电机一样，直线同步电机也由电枢和激磁（励磁）系统两部分组成。产生移动磁场的称为电枢系统，产生恒定磁场的称为激磁（励磁）系统[16,20]。永磁直线同步电机的励磁磁场由永磁体产生。永磁直线同步电机结构图如图 1-3 所示。

永磁旋转同步电机中，永磁体安装在转子上，电枢绕组安装在定子中。在直线电机中，通常将移动部分称为动子，固定部分称为定子。对于 PMLSM 来讲，电枢和永磁体均可以作为动子或者定子。若永磁体安装在动子上，则在定子上

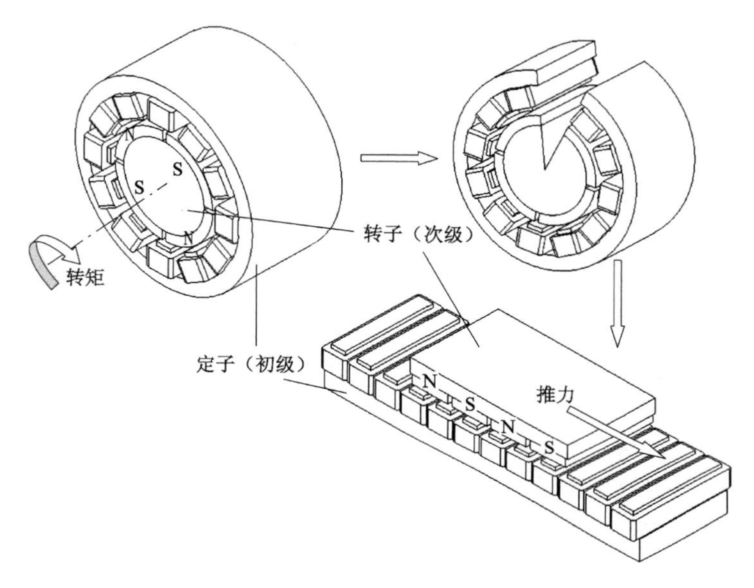

图 1-2 永磁直线同步电机的演变过程

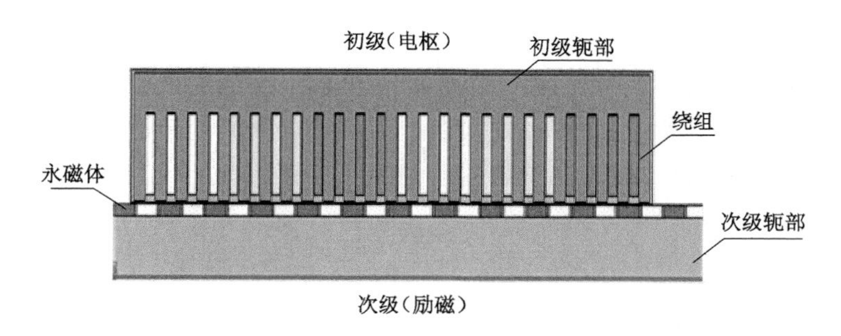

图 1-3 永磁直线同步电机结构示意图

安装通电绕组；若将永磁体安装在定子上，则在动子上安装通电绕组。习惯上，仍将电枢称为初级，永磁体称为次级（虽然初级、次级通常应用于感应电机和变压器）。

二、永磁直线同步电机的工作原理

直线电机不仅在结构上是旋转电机的演变，在工作原理上也与旋转电机类似。当电机的三相绕组中通入三相正弦交流电后，在电机气隙中产生旋转气隙磁场，旋转磁场的转速（又称同步转速）为[16,17]：

$$n=\frac{60f}{p_n}\ (\mathrm{r/min}) \tag{1-1}$$

式中　f——交流电源频率；

p_n——电机的极对数。

如果用 v 表示气隙磁场的线速度，则有：

$$v=n\frac{2p\tau}{60}=2f\tau\ (\mathrm{mm/s}) \tag{1-2}$$

式中　τ——极距。

当旋转电机展开成直线电机形式以后，如果不考虑铁芯两端开断引起的纵向边端效应，此气隙磁场沿直线运动方向呈正弦分布，当三相交流电随时间变化时，气隙磁场由原来的圆周方向运动变为沿直线方向运动，次级产生的磁场和初级的磁场相互作用从而产生电磁推力。

在直线电机中我们把运动的部分称为动子，对应于旋转电机的转子。这个原理和旋转电机相似，二者的差异是：直线电机的磁场是平移的，而不是旋转的，因此称为行波磁场。这时直线电机的同步速度为 $v=2f\tau$，旋转电机改变电源相序后，电机的旋转方向发生改变，同样的方法可以使得直线电机的动子运动方向发生改变。

在图 1-4 给出的原理图中，三相电流通入绕组后产生的磁场与旋转电机产生的磁场相似，即呈正弦分布的行波磁场，所不同的是通入电机的三相电流随时间变化时，行波磁场将按 ABC 相序沿直线方向运动。由两种电机机构的相通性可知行波磁场的位移速度是和旋转磁场的线速度一致的。

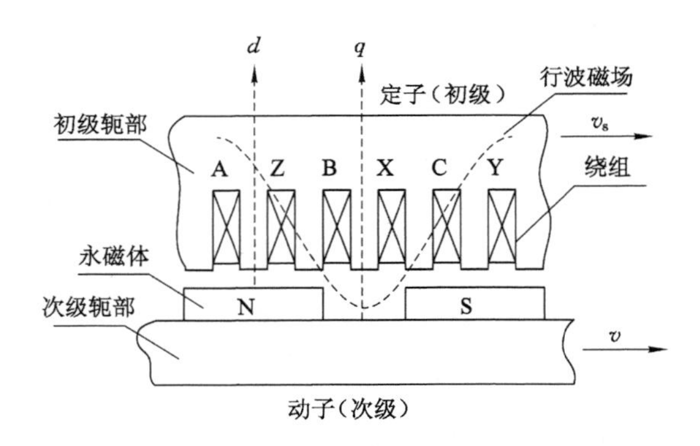

图 1-4　永磁直线同步电机结构原理

电磁推力是由在永磁直线同步电机中永磁体产生的励磁磁场与行波磁场相互作用产生的。在这个电磁推力的作用下，由于定子固定不动，动子就会沿行波磁场运动的相同方向做直线运动，永磁同步直线电机的运行速度等于电机的同步速度[16,17]：

$$v = v_s = 2f\tau \tag{1-3}$$

三、永磁直线同步电机的分类

永磁直线同步电机的初级一般由硅钢片叠压而成，次级也是由硅钢片叠压而成，并且在次级上安装有永磁体。对于运动部分可以是电机的初级，也可以是电机的次级，要根据实际的情况来确定。

初级移动式（动电枢型或动初级型）是指初级电枢绕组安装在移动部分，永磁体固定在轨道上，由于该方案电枢绕组长度远远小于永磁体长度，故称为短初级长次级型 PMLSM。

次级移动式（动磁钢型或动次级型）是指次级安装在移动部分，电枢绕组固定在轨道上，由于该方案永磁体长度远远小于电枢绕组长度，故称为长初级短次级型 PMLSM。

按不同的分类标准，可将 PMLSM 分为以下几种类型[8,16]：

(1) 单边型（Single-sided），双边型（Double-sided）。

(2) 开槽（Slotted），无槽（Slotless）。

(3) 铁芯（Iron-cored），无铁芯（Air-cored）。

(4) 横向磁通式（Transverse flux），径向磁通式（Longitudinal flux）。

(5) 动电枢型（Moving armature），动磁钢型（Moving magnet）。

对于动电枢型 PMLSM，由于其动子在运行过程中需要与供电电缆相连，尤其在长行程、高速度应用场合中，这将影响到系统的正常工作，降低整个系统的可靠性及安全性。因此在长行程、高速度的直线电机应用系统中，不宜采用动电枢型 PMLSM。而动磁钢型 PMLSM 则没有这些缺点，但由于其定子电枢绕组较长，绕组电阻、电感较大，对直流母线电压要求较高，损耗比较大、系统效率比较低。如果将其定子绕组进行分段，并采取分段供电的方案，就可以避免对整个定子电枢绕组供电，能降低对直流母线电压的要求，同时减小电机损耗、提高效率、方便电机的安装维护，提高系统安全性[8,20]，这就是分段式 PMLSM。

根据段边界处电机电枢（包括铁芯和绕组）的分段情况，可以将 S-PMLSM 分为三种类型：无铁芯分段永磁直线同步电机（Coreless sectioned PMLSM，CLS-PMLSM）、绕组分段永磁直线同步电机（Segment winding PMLSM，SW-PMLSM）和初级分段永磁直线同步电机（Primary sectioned PMLSM，PS-PMLSM）[20,21]。CLS-PMLSM 为无铁芯电机，只将绕组分段，具有无齿槽效应、动态响应快、推力波动小等优点，但其推力体积密度较小，主要用于高速度、高精度场合。PS-PMLSM 对整个初级分段,该结构存在较大的推力波动,主要用于推力波动要求不高的场合[11,22]。SW-PMLSM 只将初级绕组分段而初级铁芯未分段,端部效应较小。

上官璇峰[11]、王淑红[22]、Kenji Suzuki,Yong-Jae Kim[23,24]等研究的直线电机均属于初级分段永磁直线同步电机(PS-PMLSM),有的学者将这种电机称为定子电枢不连续永磁直线同步电动机(Permanent-Magnet Linear Synchronous Motor With the Stationary Discontinuous Armature)、分段式永磁直线同步电动机(Segmental-primary Permanent Magnet Linear Synchronous Motor)等,尽管名称不统一,但结构上均属于初级分段永磁直线电机。

四、分数槽绕电机结构

PMLSM 虽然具有力能指标高、损耗低、响应速度快、定位精度高等优点,但 PMLSM 有以下局限性[19,25]:

(1) PMLSM 极距一般相对较小,每极每相槽数 q 通常很小,否则在一极距上的总槽数较多,造成制造困难。若 q 取较小的整数,虽然总槽数可以很少,但却不能充分利用分布绕组的方法来削弱磁场的谐波分量,产生较大齿槽力。

(2) 由于 PMLSM 定子电枢铁芯开断,存在开路磁场引起的边端效应(端部效应)。如果设计不当,会产生较大边端力。

齿槽力和边端力(统称为定位力或磁阻力)是 PMLSM 推力波动的主要来源,也是制约 PMLSM 性能的关键因素之一。应对齿槽力和端部效应引起的推力波动,并考虑抑制磁场谐波,尽量正弦化反电势的目标下,分数槽是优选方案之一。

永磁同步电动机采用分数槽结构设计可以达到分布绕组的效果,这种设计在每个齿上绕一个绕组元件,绕组端部无交叉重叠,除最大限度地降低绕组端部长度外,还可以改善气隙磁密,使得反电势波形更加接近正弦波形,抑制推力波动。同时对电枢长度、槽深、齿宽等参数进行优化设计,以降低推力波动。

PMLSM 三相绕组每极每相槽数 q 可以用式(1-4)来表示[19,25-26]:

$$q=\frac{Z}{2\times 3\times p}=b+\frac{c}{d}=\frac{bd+c}{d} \tag{1-4}$$

式中 Z——槽数;

p——永磁体极对数;

b——整数;

c/d——不可约的真分数,当 q 取整数时即为通常规设计的整数槽绕组;

q——分数时为分数槽绕组;

d——每 d 对动子永磁体极与定子电枢的一对极相对应。

因为 $bd+c$ 个槽务必在 60°相带内，所以将 $bd+c$ 个槽称为每极每相槽数，用 q'表示，也代表每个等效相带的向量数。

相邻槽中导体的感应电动势之间存在相位差，其大小取决于槽距的电角度。两个相邻槽之间槽距的机械角度乘以极对数即为槽距的电角度。相邻两槽的空间电角度即槽距电角度 α 可表示为[19,25-26]：

$$\alpha=\frac{p\times 360°}{Z} \tag{1-5}$$

分数槽绕组结构电机定子电枢的槽数与永磁体极数可以相差 1，也可以相差 2，槽极数配合相差 1 的结构在旋转式结构中会产生转子偏心力，产生振动与噪声，不利于轴承的寿命，但这对直线式结构没有影响[19,26]。

以设计 24 槽 22 极电机为例。

$$q=24/(2\times 3\times 11)=\frac{4}{11}=b+\frac{c}{d}=\frac{bd+c}{d} \tag{1-6}$$

$$b=0,c=4,d=11$$

有 $q'=bd+c=4$，分数槽绕组连接图如图 1-5 所示。

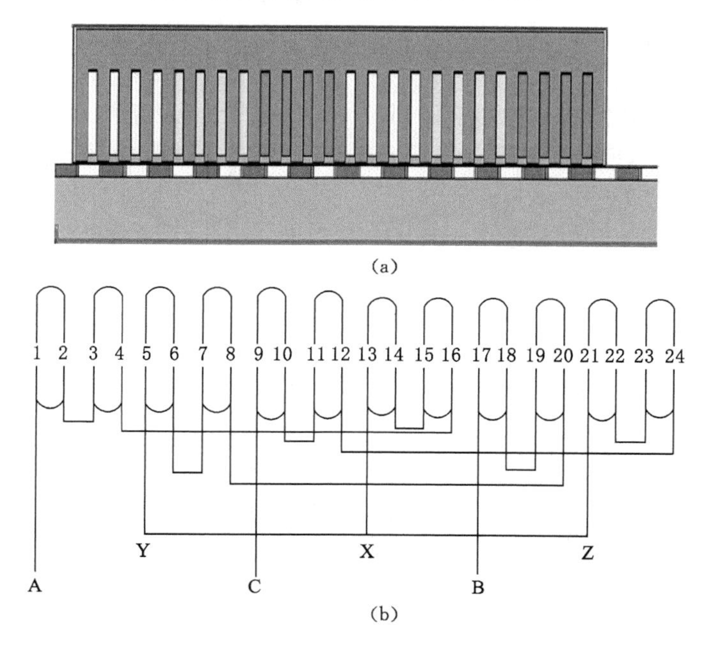

图 1-5 分数槽 PMLSM

(a) 24 槽 22 极分数槽绕电机结构；(b) 24 槽 22 极分数槽绕组接线图

第四节　永磁直线同步电机控制方法

一、永磁直线同步电机控制技术

永磁直线同步电机的控制技术与永磁同步电机类似，主要有变压变频控制(Variable Voltage Variable Frequency，检测 VVVF 或 VF)、矢量控制(Field Oriented Control，FOC)和直接推力控制(Direct Thrust Force Control，DTFC，或 DTC)[7,30]三种方式。传统旋转运动的永磁同步电机控制的是转速和转矩，永磁直线同步电机控制的是直线线速度和推力[30,31]。

(1) VF 控制

VF 控制方式控制的是电机的外部变量，即电机的定子电压和频率，在系统中，预先设定好一条电压跟随频率变化的曲线，对于任意频率值，根据 VF 曲线都能找到相应的电压值，然后将此电压值通过一定的调制算法并由逆变器产生出正弦电压并施加到电机的定子绕组上，即可实现 VF 控制。VF 控制属于开环控制，在 VF 控制方式下，不需要安装位置和速度传感器，只需要改变供电电源的频率便可实现电动机速度的调节。这种控制系统结构简单、系统成本较低、易于实现[33-35]。

该方法无法通过精确控制来得到最佳的电磁推力，故系统性能不高，动态性能较差，若使用 VF 控制永磁直线同步电机，重载或者突加负载时，容易出现失步现象[33-35]。

针对永磁同步电机普通 VF 控制中易失步、控制性能差的问题，有关学者提出了基于功率观测的永磁同步电机高效 VF 控制方法，通过对运行过程中有功功率和无功功率的观测，对同步电机的功率角以及电压向量幅值进行补偿，保障电机的稳定高效运行[35]。

(2) 矢量控制

20 世纪 70 年代初，德国学者提出了交流电机的矢量控制理论，其主要思想是参考直流电机控制中励磁电流和转矩电流完全解耦分别控制的形式，基于磁场等效原则，通过矢量变换将交流电机数学模型重构为一台他励直流电动机，在同步旋转的参考坐标系内将交流电机定子交流电流变换为两个直流分量，即励磁分量和转矩分量，且两者在空间上相互垂直，从而实现解耦控制以获得与直流电机一样的调速性能[7,30]。交流电动机矢量控制理论的出现对电机控制技术领域的研究具有划时代的意义，使电机控制技术的发展步入了一个全新的阶段。

（3）直接推力控制

直接转矩控制理论是在矢量控制技术提出并发展之后又一具有高性能的交流调速技术。它与矢量控制的不同之处在于采用不同的解耦控制方法[30-31]。直接推力控制是将直接转矩控制应用在直线电机控制系统中的叫法。直接推力控制技术是采用空间电压矢量分析方法，在定子坐标系下计算并控制推力和磁链，省略了复杂的坐标转化，使电机模型简单化，控制思想新颖，控制方法直接明确，对电机参数不敏感，磁链和推力响应速度快。但直接推力控制存在磁链和推力的脉动问题。

二、永磁直线同步电机系统控制算法

（1）PI 控制

PI 控制是经典的控制策略，方法简单，既能提高系统的静态精度，又能提高系统稳定性和改善系统动态品质[30]。

永磁直线同步电动机是一个具有强耦合的非线性系统，实际运行工况非常复杂，在电机运行过程中，诸多电机参数都会发生一定程度的变化（结构上，直线电机不像闭合的旋转电机，其两端是开口的，即会产生端部效应。同时，当电机在工作时容易受到磁路饱和或者温度升高等不确定性因素对参数的影响），从而影响着 PMLSM 的实际控制性能，这时就要采用现代控制策略在不同的场合选择不同的控制策略可以使系统达到鲁棒性好以及高进度快速性的要求。

随着自动控制技术的发展，参数辨识、自适应控制技术、基于模糊控制和神经网络控制等先进的控制算法逐步融入电机控制技术中，以提高调速系统的快速性、稳定性和鲁棒性。

（2）滑模变结构控制

滑模控制的最大特点就是不连续性控制。它使系统沿着规定的状态轨迹作高频、小幅上下运动，即滑模运动。滑动模态可人为预先进行设计，且其与控制对象及扰动无关，因此对于系统的参数扰动以及外界干扰不敏感，鲁棒性强[36]。

国内外众多学者将滑模变结构控制方法与其他控制方法结合在一起，并应用到直线伺服系统的控制问题上，控制性能得到有效改善。然而，滑模变结构控制存在滑模系统抖振问题，滑模抖振的存在易于诱发系统未建模特性，影响系统性能，制约着滑模控制技术在实际工程中的应用。

（3）自适应控制

自适应控制是将辨识理论与反馈控制相结合，针对系统数学模型随时间和外界环境变化而变化的控制对象的一种控制方法。自适应控制不需精确的被控对象模型，也不需要进行参数估计，只需找到合适的参数模型即可，能实时地对被控对象进行在线辨识，不断提取系统性能指标和参数，自行改变参数和指标，克服参数变化带来的影响，达到最优控制的目的[37,38]。

自适应控制也有一些缺点，如在线辨识和校正需要的时间可能更长，对一些参数变化较快的伺服系统可能达不到很理想的效果。如何提高 PMLSM 控制系统的鲁棒性，克服各种抖动和参数变化的影响，是自适应控制在 PMLSM 控制系统中主要解决的问题。

（4）神经网络控制

神经网络控制是用大量简单的计算单元构成的非线性系统，与人类大脑的工作原理相类似，是对人脑生物神经网络的简化、抽象和模拟。神经网络可以分布处理信息，自我学习和非线性逼近等是它的优点。将多种控制方法与神经网络控制相结合可以更好地提升系统性能。

目前，神经网络已经初步应用到交流伺服系统，一方面利用神经网络的非线性函数和非凡的逼近能力和优秀的学习能力，另一方面结合其他的控制技术，两者结合可以改善控制系统的收敛性、稳定性和鲁棒性[39]。

沈阳工业大学王丽梅等人在使用直线同步电机作为驱动的 X-Y 平台控制系统中采用自组织模糊递归神经网络控制器，将自组织模糊神经网络的优点和递归神经网络的优点相结合，使得系统的控制效果和鲁棒性得到很大的提升[40]。

限制神经网络控制在交流伺服系统应用的一个主要因素就是其算法非常复杂，大多数只能在仿真平台上进行。

（5）模糊控制

模糊控制是将工程技术人员的实际工作经验加以总结，将由经验所得的相应措施转化成具体的控制算法，在此基础上建立一个控制器来控制复杂程度高的生产过程。模糊控制不需要建立被控对象的精确数学模型，鲁棒性强，非常适用于经典控制难以解决的非线性、时变系统的问题，它以语言变量代替常规的数学模型，推理过程模仿人类的思维过程，借鉴专家的知识经验，可以处理复杂的控制问题[41]。

但是模糊控制的主要不足之处在于难以达到较高的控制精度，因为它本身很难消除稳态误差。所以人们通常将模糊控制结合其他的控制方法，以达到更好的控制效果。

不同的控制方法都有各自的优点和缺点，在对永磁直线同步电机控制系统进行设计时，要周全考虑，精心选择不同的控制方法相结合，尽可能地提高控制系统的性能。

第五节　直线电机直驱电梯的发展现状

从 20 世 90 年代开始，日本、德国等国家开展了直线电机驱动无绳提升系统的研究工作，在电机设计、控制、信号检测等方面取得了一系列重要研究成果。

三菱电机株式会社[14,15]于 1991 年发明了几种利用直线电动机驱动的电梯，并将成果申请了专利，专利中的电梯采用永磁直线同步电机驱动，对直线电动机电梯的结构及安装布置方式进行了说明。

日本学者 MORIZANE T[42]、NAKAMURA Y [43]等对直线感应电机应用于垂直电梯提升的可行性及应用进行了研究，建立了电机模型，对电机运行特性进行了分析。

日本学者 KIM H J 等[44]采用带配重的直线同步电机驱动电梯，其研究发表在 1995 年第一届国际直线驱动与工业应用会议（Linear Drives for Industrial Applications，LDIA）上。

SANGGEON LEE，ZHU YUWU 等[45,46]进行了双边永磁直线电机驱动无绳电梯的研究，通过响应面法及二维有限元法进行电机优化设计，减少磁阻力，采用对称结构的双边 PMLSM 来减少法向力，其设计的样机如图 1-6 所示。

Ahmet Onat，Sandor Markon 等[12,47-48]开展了 PMLSM 驱动的多轿厢无绳电梯研究，在直线电机制动、位置检测、电机优化设计方面取得了一系列成果，其设计的用于多轿厢电梯的直线电机样机如图 1-7 所示。

图 1-6　双边结构 PMLSM 提升机样机

图 1-7　用于多轿厢电梯的直线电机

SUN LIM HONG[49-50]等开展了利用直线开关磁阻电机驱动电梯的研究，对电机结构设计、仿真、控制算法等方面进行了研究，其设计的电梯如图 1-8 所示。

SCHMULLING B[51-52]等开展了直线电机无绳电梯导向系统方面的研究，利用电磁导向来代替传统的机械导向，设计了电磁导向状态控制系统并进行了仿真及实验研究，其开发的无绳电梯测试台如图 1-9 所示。

图 1-8 直线开关磁阻电机驱动的电梯样机

图 1-9 无绳电梯测试台

德国 Thyssenkrupp 公司目前正在研制下一代永磁直线电机驱动的电梯——无钢缆磁悬浮电梯 MULTI，磁悬浮电梯不需钢缆，节省空间；同一电梯井内可容纳多台电梯运行，不仅能上下升降，还能左右平移，磁悬浮电梯使未来的楼宇可以突破高度和形状的限制，电梯样机如图 1-10 所示[53]。

(a)

(b)

图 1-10 Thyssenkrupp 磁悬浮电梯

(a) 实验样机；(b) 试验塔

目前已经投入工业应用的直线电机提升机为美国新一代核动力航空母舰杰拉德·R·福特级航空母舰的弹药升降机，如图 1-11 所示。该弹舱升降机名为先进武器升降机(Advanced Weapons Elevator，AWE)[54]，由诺斯罗普·格鲁曼公司(Northrop Grumman)和联邦设备公司(Federal Equipment Company)负责建造，载荷 10 t，提升速度 0.76 m/s。AWE 系统采用直线同步电机(Linear Synchronous Motor，LSM)驱动，不需要绳索，使得升降机通道贯穿的几层甲板都能安装防水门，其安全性更高，运动更快，提升能力比尼米兹级航母增大一倍以上，同时节省维护、维修费用。

(a)

(b)

图 1-11 航空母舰直线电机驱动的弹药升降机
(a) 实验样机；(b) 单边永磁体组及定子

国内与国外几乎在同期开始直线电机垂直提升系统研究，目前开展研究的单位主要有河南理工大学、浙江大学和太原理工大学等[7,16,22]。

20 世纪 90 年代河南理工大学在国内首次提出直线电机矿井提升系统理论与控制研究的课题，自 1994 年起，在国家自然科学基金、煤炭部科学基金、河南省重大攻关等基金项目的资助下，一直致力于“直线电机驱动的垂直提升系统”研究工作，建立了多套直线电机提升机试验模型。在 PMLSM 结构设计、电磁参数分析、直线电机优化、有限元仿真、系统建模、控制系统设计等理论与实验方面取得了多项重要研究成果[7,28,33-34]。

图 1-12 为单边型 SW-PMLSM 无绳电梯，图 1-13 为行程 20 m、提升重量 3 000 kg的双 U 型 SW-PMLSM 无绳电梯产品化样机。

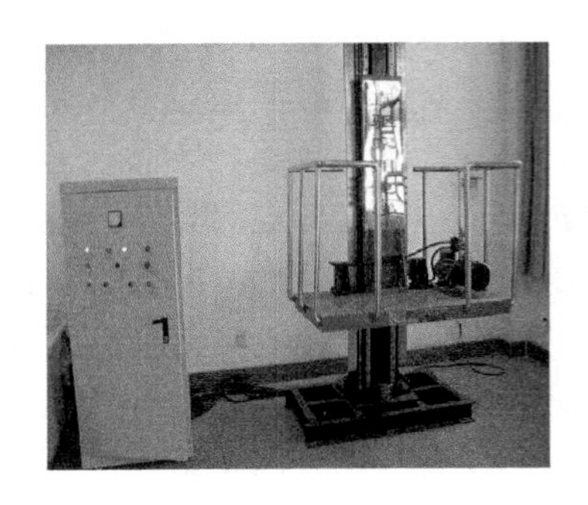

图 1-12　单边型 SW-PMLSM 无绳电梯

图 1-13　双 U 型 SW-PMLSM 无绳电梯产品化样机

太原理工大学王淑红[22]等在分段式永磁直线电机垂直提升系统电机设计、电磁参数分析、建模与仿真方面进行了一定的研究。从目前已检索论文来看，主要是以仿真研究为主。

从以上研究可以看出，目前直线电机无绳提升系统应用主要集中在电梯、矿井提升机和航空母舰弹舱升降机等领域。作为动力源的直线电机类型主要有永磁直线同步电机、直线感应电机、直线开关磁阻电机。对于长行程场合，大多采用永磁体作为动子，分段绕组作为定子。从已检索文献来看，大多数研究仍处于理论及实验验证阶段，绕组分段永磁直线同步电动机在结构上和控制机理上，不同于旋转的永磁同步电动机，也不同于绕组连续型 PMLSM。SW-PMLSM 提升系统还存在许多基础理论和科学问题需要加以研究和解决。

本章参考文献

[1] Elevator[EB/OL][2017-10-10]. https://en.wikipedia.org/wiki/Elevator.

[2] 程一凡. 电梯结构与原理[M]. 北京：化学工业出版社，2016.

[3] 段晨东，张彦宁. 电梯控制技术[M]. 北京：清华大学出版社，2015.

[4] 王琪冰. 电梯工业产业技术创新与发展[M]. 杭州：浙江大学出版社，2017.

[5] 朱德文，申益洙. 多轿厢电梯系统设计与实施[M]. 北京：中国电力出版社，2017.

[6] ISHII T. Elevators for skyscrapers[J]. Spectrum, IEEE, 1994, 31(9): 42-46.

[7] 汪旭东，封海潮，许宝玉，等. PMLSM 垂直提升系统的应用研究[C]. 2010 年全国直线电机现代驱动及系统学术年会论文集，2010：7-16.

[8] GIERAS J F,ZBIGNIEW J P,TOMCZUK B. Linear synchronous motors: transportation and automation systems[M]. 2nd ed. Boca Raton,FL,USA: CRC Press Inc,2011.

[9] 钟声. 直线电机的控制策略及其在电梯上的应用研究[D]. 长沙:中南大学,2008.

[10] 施俊. 直线感应电机双边驱动电梯的控制系统研究[D]. 杭州:浙江大学,2005.

[11] 上官璇峰,励庆孚,袁世鹰. 多段初级永磁直线同步电机驱动的垂直提升系统[J]. 中国电机工程学报,2007(18):7-12.

[12] ONAT A,KAZAN E,TAKAHASHI N,et al. Design and implementation of a linear motor for multicar elevators[J]. IEEE/ASME Transactions on Mechatronics,2010,15(5):685-693.

[13] CASSAT A,PERRIARD Y,KAWKABANI B,et al. Power supply of long stator linear motors application to multi Mobile system[C]. 2008 IEEE Industry Applications Society meeting,2008:1-7.

[14] 三菱电机株式会社. 线性电动机电梯:日本,CN91103464[P]. 1991-05-21.

[15] 三菱电机株式会社. 线性电动机电梯:日本,CN91103522[P/OL]. 1991-05-23.

[16] 叶云岳. 直线电机原理与应用[M]. 北京:机械工业出版社,2000.

[17] 郭庆鼎,王成元. 直线交流伺服系统的精密控制技术[M]. 北京:机械工业出版社,2000.

[18] Linear motor[EB/OL]. [2017-09-28]. http://en. wikipedia. org/wiki/Linear_motor.

[19] 卢琴芬,程传莹,叶云岳,等. 每极分数槽永磁直线电机的槽极数配合研究[J]. 中国电机工程学报,2012(36):68-74+12.

[20] 洪俊杰. 绕组分段永磁直线同步电机电流预测控制的研究[D]. 哈尔滨:哈尔滨工业大学,2010.

[21] 李鹏. 初级绕组分段结构永磁直线同步电机的研究[D]. 哈尔滨:哈尔滨工业大学,2008.

[22] 王淑红,熊光煜. 分段式垂直运动永磁直线同步电动机的设计[J]. 煤炭学报,2010(3):520-524.

[23] SUZUKI K,KIM Y,DOHMEKI H. Driving method of permanent-magnet linear synchronous motor with the stationary discontinuous armature for long-distance transportation system[J]. IEEE Transactions on Industrial

Electronics,2012,59(5):2227-2235.
[24] KIM Y J, DOHMEKI H. Driving method of stationary discontinuous-armature PMLSM by open-loop control for stable-deceleration driving [J]. Electric Power Applications, IET, 2007, 1(2):248-254.
[25] 徐月同,傅建中,陈子辰.永磁直线同步电机推力波动优化及实验研究[J].中国电机工程学报,2005,25(12):122-126.
[26] 蔡炯炯,卢琴芬,刘晓,等.PMLSM 推力波动抑制分段斜极方法研究[J].浙江大学学报(工学版),2012(06):1122-1127.
[27] 蔡炯炯,卢琴芬,叶云岳.PMLSM 推力波动分析及其优化设计[C].2010年全国直线电机现代驱动及系统学术年会论文集,2010:7-16.
[28] 汪旭东,许宝玉,封海潮,等.双 U 型直线电机驱动的无绳提升机:中华人民共和国,CN201010124002[P].2010-02-11.
[29] ZHU YUWU, LEE SANG GEON, CHO YUNHYUN. Topology structure selection of permanent magnet linear synchronous motor for ropeless elevator system [C]. 2010 IEEE International Industrial Electronics, 2010:1523-1528.
[30] 邹积浩.永磁直线同步电机控制策略的研究[D].杭州:浙江大学,2005.
[31] 程兴民.永磁直线同步电机直接推力控制研究[D].沈阳:沈阳工业大学,2015.
[32] MUHAMMAD ALI MASOOD CHEEMA, JOHN EDWARD FLETCHER, DAN XIAO, et al. A Linear Quadratic Regulator-Based Optimal Direct Thrust Force Control of Linear Permanent-Magnet Synchronous Motor [J]. IEEE Transactions on Industrial Electronics, 2016, 63(5):2722-2733.
[33] 王福忠,袁世鹰,荆鹏辉.垂直运行永磁直线同步电机的失步预防策略研究[J].煤炭学报,2010(04):696-700.
[34] 张宏伟,余发山,王新环,等.多定子永磁直线同步电机绕组切换故障特性研究[J].电机与控制学报,2015,19(3):30-36
[35] 李兵强,林辉.新型永磁同步电机高精度调速系统[J].中国电机工程学报,2009(15):61-66.
[36] 赵希梅,赵久威.永磁直线同步电机的互补滑模变结构控制[J].中国电机工程学报,2015,35(10):2252-2257.
[37] 赵希梅,王晨光.永磁直线同步电机的自适应增量滑模控制[J].电工技术学报,2017,32(11):111-117.

[38] 宋亦旭,王春洪,尹文生,等.永磁直线同步电动机的自适应学习控制[J].中国电机工程学报,2005,25(20):151-156.
[39] 党选举,徐小平,于晓明,等.永磁同步直线电机的小波神经网络控制[J].电机与控制学报,2013,17(1):30-36.
[40] 王丽梅,左莹莹.基于模糊神经网络滑模控制的 xy 平台轮廓控制[J].机床与液压,2014,42(11):223-26.
[41] 陆华才,徐月同,杨伟民,等.永磁直线同步电机进给系统模糊 PID 控制[J].电工技术学报,2007,22(4):59-63.
[42] MORIZANE T, MASADA E. Study on the feasibility of application of linear induction motor for vertical movement [J]. Magnetics, IEEE Transactions on,1993,29(6):2938-2940.
[43] NAKAMURA Y, NAKADA T, MEGURO T, et al. Vertical motion analysis of a linear induction motor elevator[C]. The First International Symposium on Linear Drives,1995:77-80.
[44] KIM H J,MURAOKA I,TORRI S,et al. The study of the control system for ropeless elevator with vertical linear synchronous motor[C]. The First International Symposium on Linear Drives,1995:69-72.
[45] YUWU ZHU,SANGGEON LEE,YUNHYUN CHO. Optimal design of slotted Iron core type permanent magnet linear synchronous motor for ropeless elevator system[C]. 2010 IEEE International Symposium on Industrial El,2010:1402-1407.
[46] YUWU ZHU,SANGGEON LEE,YUNHYUN CHO. Topology structure selection of permanent magnet linear synchronous motor for ropeless elevator system[C]. 2010 IEEE International Industrial Electronics (IS, 2010:1523-1528.
[47] ONAT A, GURBUZ C, MARKON S. A new active position sensing method for ropeless elevator[J]. Mechatronics,2013,23(2):182-189.
[48] MARKON S,KOMATSU Y,YAMANAKA A,et al. Linear motor coils as brake actuators for Multi-car elevators [C]. 2007 International Conference on Electrical Machin,2007:1492-1495.
[49] LIM H S, KRISHNAN R, LOBO N S. Design and control of a linear propulsion system for an elevator using linear switched reluctance motor drives[C]. 2005 IEEE International on Electric Machines and D,2005:1584-1591.

[50] LIM H S, KRISHNAN R. Ropeless elevator with linear switched reluctance motor drive actuation systems [J]. IEEE Transactions on Industrial Electronics,2007,54(4):2209-2218.
[51] APPUNN R,SCHMULLING B,HAMEYER K. Electromagnetic guiding of vertical transportation vehicles: experimental evaluation [J]. IEEE Transactions on Industrial Electronics,2010,57(1):335-343.
[52] SCHMULLING B,LAUMEN P,HAMEYER K. Improvement of a non-contact elevator guiding system by implementation of an additional torsion controller [C]. 2010 IEEE Energy Conversion Congress and Expositio,2010:2971-2976.
[53] Test Tower For Magnetic Levitation Elevators Almost Ready[EB/OL]. [2017-10-28]. https://www. popsci. com/test-tower-sideways-elevators-nears-completion.
[54] WIELER J G, THORNTON R D. Linear synchronous motor elevators become a reality[J]. Elevator World,2013(5):141-143.

第二章　PMLSM 直驱电梯运行控制方案设计

第一节　直线电机驱动方案

PMLSM 根据结构特点进行分类，可以分为长初级短次级型（动磁钢型或动次级型）、短初级长次级型（动电枢、动线圈型或动初级型）[1]。

动电枢 PMLSM 在运行过程中，其动子需要与供电电缆相连，在长行程、高速度应用场合中，降低了整个系统的可靠性、安全性。动磁钢型 PMLSM 则没有这些缺点，但其初级较长，绕组电阻、电感较大，损耗大，效率低[1-3]。

如果将动磁钢型 PMLSM 的初级绕组进行分段，并采取分段供电方案，避免对初级绕组整体供电，就能降低对直流母线电压的要求，减小电机损耗，提高系统效率，同时方便电机的安装维护，提高系统的可靠性，这种电机称为分段式永磁直线同步电机（S-PMLSM）[2,3]。

与定子连续型 PMLSM 相比，定子分段式永磁直线同步电机的高可靠性和冗余性更高，当控制系统检测到某台电机出现故障时，可以通过调整控制策略，利用剩下 $N-1$ 台电机来完成预先设定的任务，保障 PMLSM 系统的稳定运行。

根据段边界处电机初级（包括铁芯和绕组）的分段情况，可以将 S-PMLSM 分为三种类型：初级分段永磁直线同步电机（PS-PMLSM）、无铁芯分段永磁直线同步电机（CLS-PMLSM）、绕组分段永磁直线同步电机（SW-PMLSM）。其中，SW-PMLSM 只将初级绕组分段而初级铁芯未分段，端部效应较小，本书所研究的直线电机提升系统采用动磁钢型绕组分段永磁直线同步电机（SW-PMLSM）作为驱动电机[3-4]。

PMLSM 提升系统的基本拓扑结构取决于驱动源电机的结构和布置方式。从现有技术来看，平板型 PMLSM 的结构主要有单边结构和双边对称结构[2,4]。单边结构 PMLSM 的定子电枢与动子永磁体之间存在较大的固有法向吸引力。双边结构 PMLSM 的动子永磁体两边工作气隙相同，可以抵消彼此之间的法向吸引力。

双边平板型 PMLSM 拓扑结构如图 2-1 所示[5]。其中，图 2-1(a)为动电枢型，即短初级长次级型；图 2-1(b)为动磁钢型，即长初级短次级型。动电枢 PMLSM 由于在运行过程中动子需要与供电电缆相连，因此在提升系统中应用较少。

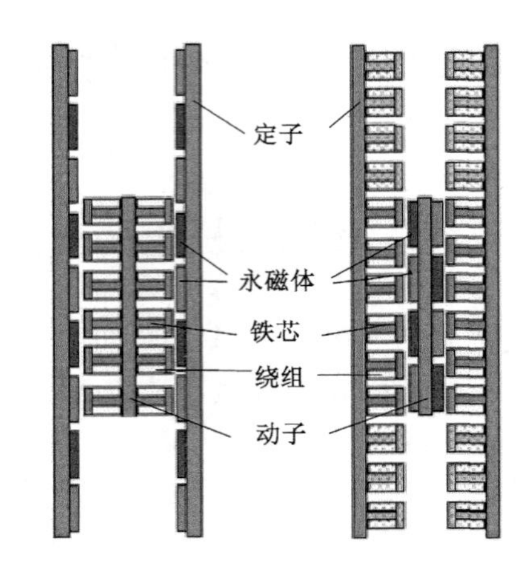

图 2-1　双边平板型 PMLSM 拓扑结构

(a) 动电枢型；(b) 动磁钢型

PMLSM 直驱电梯电机的布置方法主要有布置于轿厢一侧的单侧驱动方案和对称布置于轿厢两侧的双侧驱动方案[2,4-5]。

背包式单侧驱动 PMLSM 无绳电梯如图 2-2 所示[2,4,6]，无绳电梯双侧对称驱动方案如图 2-3 所示[7]。

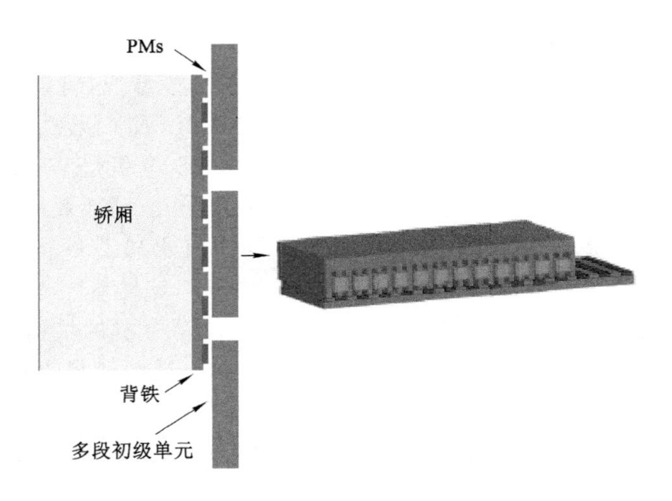

图 2-2　背包式单侧驱动 PMLSM 无绳电梯

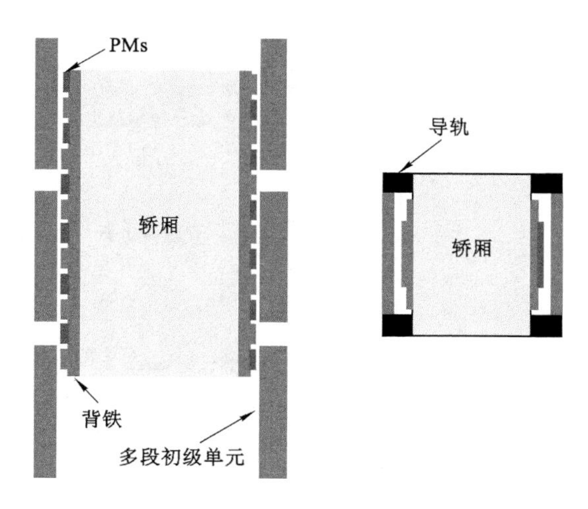

图 2-3　无绳电梯双侧驱动方案

采用单边动磁钢型 PMLSM 单侧驱动方案时(图 2-2)，将电机定子电枢布置于井筒的一侧。该结构定子电枢与动子永磁体之间存在较大的固有法向吸引力，虽然可以克服重力使提升容器牢牢吸附在运行轨道上，避免提升容器的侧倾问题，但较大的法向吸引力势必会要求加强安装基础，提升容器、定位装置的机械强度，增加提升机运动部分的重量，同时引起较大的摩擦阻力，降低有效载荷[2]。

采用双边 PMLSM 单侧驱动时(图 2-3)，动子永磁体两边工作气隙相同，可以抵消彼此之间的法向吸引力，减轻提升容器的侧倾正压力，减小运动摩擦阻力，增加有效载荷。该结构可以从理论上消除提升机的运动部分所受到的法向吸引力，但不能克服由于轿厢重力存在而引起的提升容器侧倾问题，提升机运行过程中如何保证气隙均匀的问题也需要解决。

解决上述缺陷的合理驱动方式为双边 PMLSM 双侧驱动方案[16]，但由于该方案涉及双侧驱动，存在电机结构复杂、安装工作量大、成本高等缺点。

随着无接触供电技术的发展，近年来，也有学者探讨动电枢型 PMLSM 长距离运行无接触供电方案，非接触式供电技术的研究为 PMLSM 直驱电梯提供了新思路、新方法[12-15]。

第二节　PMLSM 直驱家用电梯结构

图 2-4 为本系统研究的绕组分段 PMLSM 直驱无绳提升系统，该系统采用单边型绕组分段永磁直线电机作为驱动源，将电枢绕组固定作为定子，永磁体作

为动子。主要参数见表 2-1。

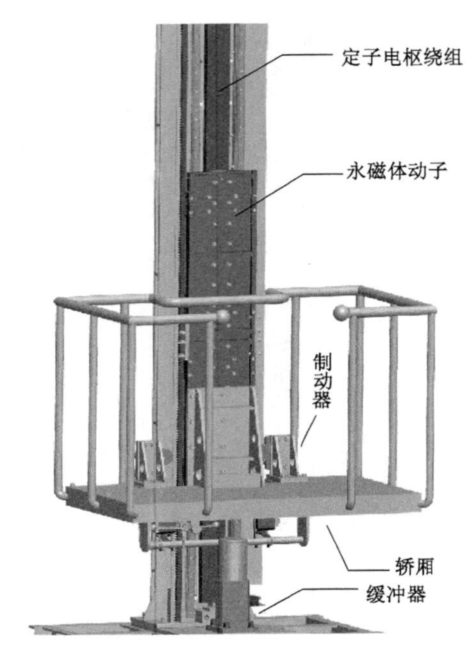

图 2-4 绕组分段 PMLSM 直驱无绳提升系统结构图

表 2-1 绕组分段永磁直线同步电机参数

名 称	参 数
额定功率	1.5 kW
最大提升高度	4 m
额定运行的速度	0.3 m/s
单台定子电枢的长度	360 mm
定子电枢分段的数量	10 台
动子的长度	1.440 m

为了在 SW-PMLSM 运行过程中获取平稳的电磁推力，直线电机分段设计必须满足下列要求[6,8]：

(1) 动子永磁体的极数应设计成偶数；

(2) 动子的纵向长度应等于定子纵向长度的整数倍。

当 SW-PMLSM 定子绕组采用相同的供电方式时，每段定子的各个相带必须处于同一磁极下，才能满足动子连续运行的条件，即动子磁极个数在定子供电方式相同的情况下应设计成偶数[9]。

单边型 SW-PMLSM 结构如图 2-5 所示，动子纵向长度等于 4 台定子的纵向长度。假设动子在离开 1# 定子绕组进入 5# 定子绕组的过程中受力均匀变化，则动子所受的合力将保持不变[10,11]。在动子进入、退出定子过程中，动子受力情况如图 2-6 所示。

要保证在运行过程中受力均匀变化，必须满足动子的纵向长度应等于定子纵向长度的整数倍。

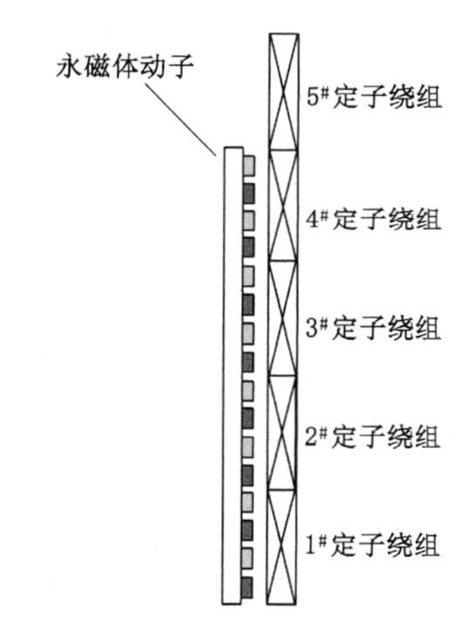

图 2-5　单边型 SW-PMLSM 结构

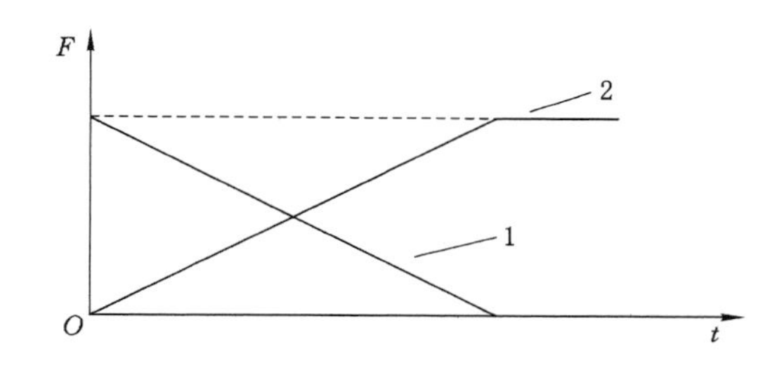

图 2-6　出入定子合成推力

1——1# 定子施加给动子的力；2——5# 定子施加给动子的力

第三节　PMLSM 直驱电梯定子绕组调度策略

在 SW-PMLSM 永磁体动子移动过程中，需要将与永磁体动子直接耦合的直线电机定子电枢绕组单元同时供电。直线电机定子绕组单元的切换采用递推控制方法,根据动子的位置信号,控制切换装置提前将动子需要耦合的电机绕组单元通电,实现 SW-PMLSM 的分段运行供电。

为保证 SW-PMLSM 提升系统稳定运行,需要预先接通即将进入永磁体励磁磁场的电机电枢绕组单元。实验样机的动子长度等于 4 台定子电枢长度。提升模式下,SW-PMLSM 电机定子绕组的切换策略为:当检测到 1# 位置开关时,接通 1# ~5# 电机绕组单元;检测到 2# 位置开关时,接通 2# ~6# 电机绕组单元;检测到 6# 位置开关时,接通 6# ~10# 电机绕组单元。在 SW-PMLSM 运行过程中,至少有 3 台电机的定子绕组与永磁体动子完全耦合,1 台电机的定子绕组与动子的耦合面积逐渐减小,1 台电机的定子绕组与动子的耦合面积逐渐增大。

提升模式下的定子绕组切换顺序见表 2-2。

表 2-2　　提升模式下的定子绕组切换顺序

定子绕组	1# 位置	2# 位置	3# 位置	4# 位置	5# 位置	6# 位置
1#	On					
2#	On	On				
3#	On	On	On			
4#	On	On	On	On		
5#	On	On	On	On	On	
6#		On	On	On	On	On
7#			On	On	On	On
8#				On	On	On
9#					On	On
10#						On

下降模式与提升模式类似,预先接通即将耦合的电机定子电枢绕组,例如,当检测到 6# 位置开关时,接通 5# ~9# 电机绕组单元。

下降模式下的定子绕组切换顺序见表 2-3。

表 2-3　　下降模式下的定子绕组切换顺序

定子绕组	2# 位置	3# 位置	4# 位置	5# 位置	6# 位置
1#	On				
2#	On	On			
3#	On	On	On		

续表 2-3

定子绕组	2# 位置	3# 位置	4# 位置	5# 位置	6# 位置
4#	On	On	On	On	
5#	On	On	On	On	On
6#		On	On	On	On
7#			On	On	On
8#				On	On
9#					On

第四节　绕组切换控制总体方案设计

SW-PMLSM 的定子电枢绕组采用分段供电方案，每台定子电枢绕组由一台具有三个常开、三个常闭主触点的特殊接触器控制。SW-PMLSM 控制系统结构如图 2-7 所示。

绕组切换控制采用 PLC 作为控制器，通过电感式接近开关检测永磁体动子的位置信号，利用接触器控制相应的电机定子电枢绕组单元通电，实现绕组切换控制。电机控制采用直接推力控制方法，利用 TMS320F2812 DSP 作为控制器，通过采集 SW-PMLSM 的运行速度、电流、直流母线电压等信号，直接控制电机的电磁推力。

绕组切换控制方案主要有以下两种：

一是集中控制方案。对于家用直驱电梯，绕组分段数量少，运行距离短，可以采用集中控制，结构简单、成本低。

二是基于现场总线的网络控制方案。当用于超高层建筑，定子绕组分段数量较多时，监测及控制的信号较多，若采用传统的集中控制方式，随着提升距离的增加，将导致布线复杂、安装困难、成本高、可靠性差的问题。

基于现场总线的控制系统结构如图 2-8 所示。

将定子绕组按距离分段，每段内的定子绕组由一个现场控制站控制，现场控制站检测该层内的位置传感器信号、接触器动作信号，通过接触器控制该层的单元电机定子绕组。主站可以采用西门子 S7-300PLC，现场控制站可以采用西门子 ET200 及输入输出模块，现场控制站和 PLC 控制主站 CPU 之间采用 Profibus 总线进行通信，S7-300 PLC 和工业控制计算机之间采用工业以太网通信，工业控制计算机负责远程监测与控制。

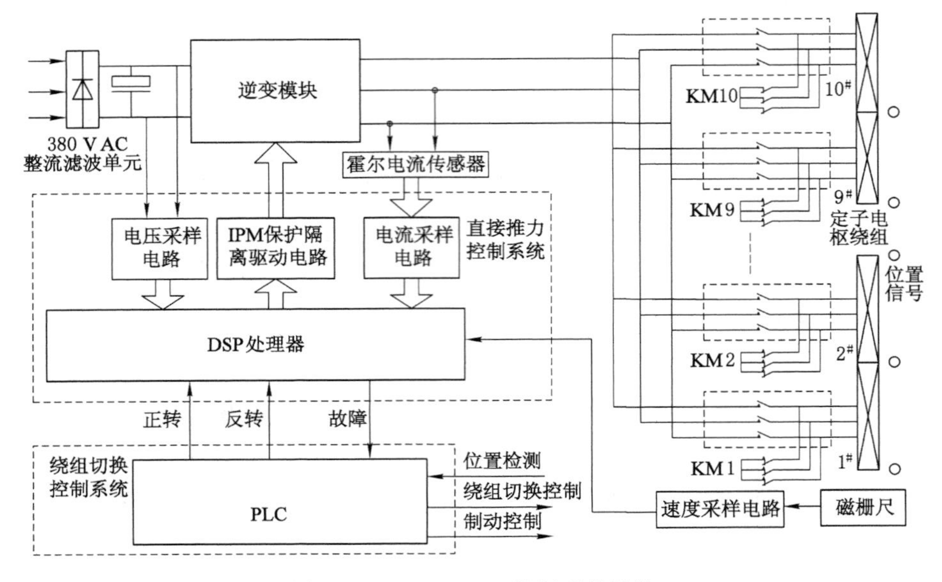

图 2-7 SW-PMLSM 控制系统结构

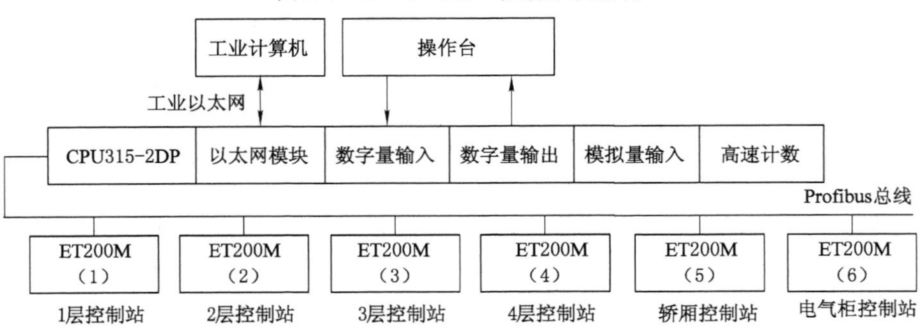

图 2-8 基于现场总线的控制系统结构

本章参考文献

[1] 叶云岳. 直线电机原理与应用[M]. 北京：机械工业出版社，2000.

[2] 汪旭东，封海潮，许宝玉，等. PMLSM 垂直提升系统的应用研究[C]. 2010年全国直线电机现代驱动及系统学术年会论文集，2010：7-16.

[3] 李鹏. 初级绕组分段结构永磁直线同步电机的研究[D]. 哈尔滨：哈尔滨工业大学，2008.

[4] 张宏伟. 绕组分段永磁直线同步电机提升系统稳定运行控制[D]. 焦作：河南

理工大学,2014.

[5] ZHU YUWU,LEE SANGGEON,CHO YUNHYUN. Topology structure selection of permanent magnet linear synchronous motor for ropeless elevator system [C]. 2010 IEEE International Industrial Electronics,2010:1523-1528.

[6] DONG WANGXU, CHAO FENGHAI, YU XUBAO, et al. Research on permanent magnet linear synchronous motor for Rope-less hoist system [J]. Journal of Computers,2012,7(6):1361-1368.

[7] HUANG L R,DONG J W,LU Q F,et al. Optimal design of a Double-Sided permanent magnet linear synchronous motor for ropeless elevator system [C]. Applied Mechanics and Materials,2013:99-103.

[8] WANG XUDONG, ZHANG ZAN, XU XIAOZHUO, et al. Influence of using conditions on the performance of PM linear synchronous motor for ropeless elevator [C]. 2011 International Conference on Electrical Machines and Systems,2011:1-5.

[9] 卢琴芬,程传莹,叶云岳,等.每极分数槽永磁直线电机的槽极数配合研究[J].中国电机工程学报,2012(36):68-74+12.

[10] 付子义,焦留成,夏永明.直线同步电动机驱动垂直运输系统出入端效应分析[J].煤炭学报,2004(2):243-245.

[11] 上官璇峰,励庆孚,袁世鹰,等.不连续定子永磁直线同步电动机运行过程分析[J].西安交通大学学报,2004,38(12):1292-1295.

[12] ABE S,YASUDA T,SUZUKI A,et al. Contactless power transfer system for movable object:US20140239735[P]. 2014.

[13] 文艳晖,杨鑫,龙志强,等.非接触供电技术及其在轨道交通上的应用[J].机车电传动,2016(6):14-20.

[14] HASANZADEH S, ASKARIAN A. Linear motion contactless power supply-a comparative study on topologies[C]. International Conference on Sustainable Mobility Applications, Renewable and Technology. IEEE, 2015:1-6.

[15] WANG P L,XU X Z,DU B Y,et al. Modeling and Design Optimization of Contactless Sliding Transformer System for Ropeless Elevators [J]. Applied Mechanics & Materials,2013,416-417(1):264-269.

[16] 汪旭东,许宝玉,封海潮,等.双U型直线电机驱动的无绳提升机:中华人民共和国,2010101240023 [P].2010-02-11.

第三章　永磁直线同步电机数学模型

第一节　概　　述

永磁直线同步电机可以看作是由旋转永磁同步电机演变而来，因此在建立永磁直线同步电机数学模型时可参考旋转永磁同步电机数学模型的建立方法。虽然永磁直线同步电机在原理上与旋转永磁同步电机类似，但是在结构上，直线电机不同于闭合的旋转电机，其两端是断开的，即会产生端部效应。同时，当电机在工作时容易受到磁路饱和或者温度升高等不确定性因素对参数的影响，要建立精确的永磁直线同步电机模型是有困难的，因此在建立模型之前要进行一些合理假设[1,2]：

(1) 永磁直线同步电机三相绕组完全对称，各绕组的参数完全一致，各相绕组的轴线互差 120°；

(2) 忽略电机铁芯的饱和以及温度和频率变化对其参数的影响；

(3) 忽略涡流损耗和磁滞损耗；

(4) 忽略初级齿槽效应，假设各相绕组产生的磁动势沿气隙圆周按正弦分布；

(5) 假设永磁体电导率为零，其磁场恒定不变。

当永磁直线同步电机的电枢三个绕组 ABC 分别通入电流 i_a、i_b、i_c 时，将在空间分别产生三个磁动势 F_a、F_b、F_c，简称磁势。三个磁动势矢量之和 F_s 及合成磁通矢量 Φ_s 都是实际存在的空间矢量，且二者共轴线同方向。

直线电机的磁场是直线移动的，但是为便于分析，书中许多量仍然采用电气角速度(角频率)表示，坐标系仍用旋转描述。

第二节　永磁直线同步电机的坐标变换

变换矩阵是矢量从一个坐标系变换至另一坐标系的运算规律。根据什么原则进行矩阵变换是进行矢量坐标变换的前提条件，因此在进行变换矩阵之前，必须明确应遵守的基本变换原则。

（1）旋转磁场等效原则

电机是机电转换装置，它的气隙磁场是机电能量转换的枢纽。气隙磁场是由电机气隙合成磁势决定的，而合成磁势是由各绕组中的电流产生的。因此，在进行电流变换矩阵时，应遵守变换前后所产生的旋转磁场等效原则。只有变换前后气隙中旋转磁场相同，电流变换方程式才能成立，从而确定的电流变换矩阵才是正确的[3,4]。

（2）功率不变的原则

在坐标变换前后，由电源输入的电机功率应保持不变。即坐标变换应遵守功率不变的原则[3,4]。

一、各坐标系之间的关系

（1）三相静止坐标系（ABC 坐标系，$3s$）

永磁直线同步电机电枢有三相绕组，其轴线分别为 A、B、C，彼此互差 120°，构成一个三相静止坐标系——ABC 坐标系（本书也称为 $3s$ 坐标系，s 的含义是定子，是 stator）。

给电机三相对称定子绕组通入对称的三相正弦交流电流时，则形成三相基波合成旋转磁势，并由它建立相应的旋转磁场，其旋转角速度等于定子电流的角频率。

（2）两相静止坐标系（$\alpha\beta$ 坐标系，$2s$ 坐标系）

任意的多相对称绕组通入多相对称正弦交流电流，均能产生旋转磁场[4]。因此，以产生同样的旋转磁场为准则，电机定子三相对称绕组的作用，完全可以用在空间上相互垂直的两个静止的 α、β 绕组来代替，而且三相绕组的电流与两个静止 α、β 绕组电流有固定的变化关系[5]。

坐标系 α、β 轴线互差 90°，α 轴与 A 相轴线重合，β 轴超前 α 轴 90°。由于 α 轴与 A 轴固定在绕组 A 相的轴线上，所以 $\alpha\beta$ 坐标系在空间上固定不动，也称为两相静止坐标系（$2s$ 坐标系）。

（3）两相旋转坐标系（dq 坐标系，$2r$ 坐标系）

将动子励磁磁场轴线 d 轴以及与其垂直的方向确定一个平面直角坐标系——dq 坐标系，dq 坐标系固定在动子上，也称为同步旋转坐标系（$2r$ 坐标系，r 的含义是转子，rotor，参考旋转永磁同步电机），其中 d 轴正方向为磁极 N 的方向，q 轴超前 d 轴 90°电角度。

各坐标系之间的坐标关系如图 3-1 所示，其中 ABC 为自然坐标系，$\alpha\beta$ 为静止坐标系，dq 为同步旋转坐标系，θ_e 为动子位置角，ω_e 为动子电角速度。dq 轴系的空间位置由电角度 θ_e 来确定。

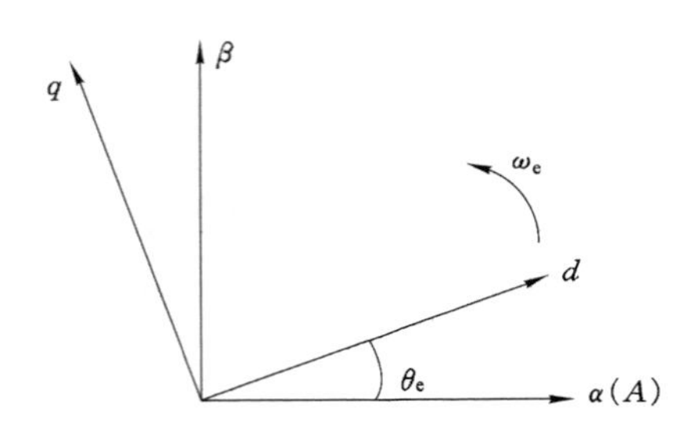

图 3-1　各坐标系之间的关系

设 θ_e 为 d 轴与两相静止坐标系中 α 轴的夹角，则当永磁体运动时，$\theta_e = \int \omega_e \mathrm{d}t + \theta_0$，当电枢运动时，$\theta_e = -\int \omega_e \mathrm{d}t + \theta_0$，其中 θ_0 为初始相角。

二、永磁直线同步电机坐标变换

为了简化和求解数学模型方程，运用坐标变换理论，通过对永磁同步直线电动机定子三相静止坐标轴系的基本方程进行线性变换，实现电机数学模型的解耦[3-5,8]。

各向量在坐标系中的表示形式如图 3-2 所示。u_s 为定子电压矢量，i_s 为定子电流矢量，ψ_s 为定子磁链矢量，ψ_f 为转子磁链矢量，θ_e 为动子角位，δ 为电机推力角。

(1) Clark($3s/2s$)变换(图 3-3)

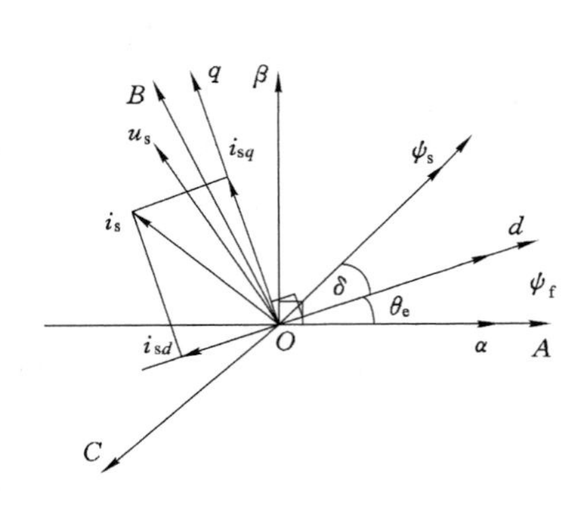

图 3-2　向量在坐标系中的表示形式

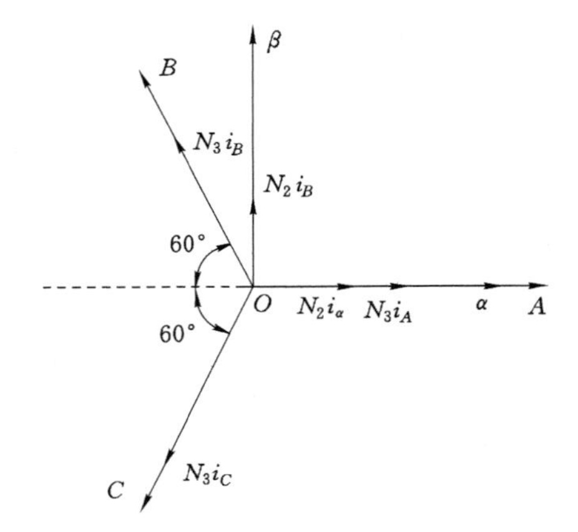

图 3-3　Clark($3s/2s$)变换

N_3——三相绕组每相绕组匝数；

N_2——两相绕组每相绕组匝数

各相磁动势为有效匝数与电流的乘积,其相关空间矢量均位于有关相的坐标轴上。设磁动势波形是正弦分布的,当三相总磁动势与相总磁动势与二相总磁动势相等时,两套绕组瞬时磁动势在 $\alpha\beta$ 轴上的投影都应相等,因此

$$
\begin{aligned}
N_2 i_\alpha &= N_3 i_A - N_3 i_B \cos 60° - N_3 i_C \cos 60° = N_3\left(i_A - \frac{1}{2} i_B - \frac{1}{2} i_C\right) \\
N_2 i_\beta &= N_3 i_B \sin 60° - N_3 i_C \sin 60° = \frac{\sqrt{3}}{2} N_3 (i_B - i_C)
\end{aligned}
\tag{3-1}
$$

$$
\Rightarrow \begin{bmatrix} i_\alpha \\ i_\beta \end{bmatrix} = \frac{N_3}{N_2} \begin{bmatrix} 1 & -\frac{1}{2} & -\frac{1}{2} \\ 0 & \frac{\sqrt{3}}{2} & -\frac{\sqrt{3}}{2} \end{bmatrix} \begin{bmatrix} i_A \\ i_B \\ i_C \end{bmatrix} \tag{3-2}
$$

考虑变换前后总功率不变,可得匝数比应为

$$
\frac{N_3}{N_2} = \sqrt{\frac{2}{3}} \tag{3-3}
$$

若考虑变换前后幅值不变,则匝数比应为[3-5,8]

$$
\frac{N_3}{N_2} = \frac{2}{3} \tag{3-4}
$$

通常取 $N_3/N_2 = 2/3$,这样推导出的三相电流与两相电流的幅值是相等的,产生的磁动势是等效的,遵循了该原则,绕组变换才有意义。

考虑变换前后幅值不变,根据式(3-2)、式(3-4)可得

$$
\begin{bmatrix} i_\alpha \\ i_\beta \end{bmatrix} = \frac{2}{3} \begin{bmatrix} 1 & -\frac{1}{2} & -\frac{1}{2} \\ 0 & \frac{\sqrt{3}}{2} & -\frac{\sqrt{3}}{2} \end{bmatrix} \begin{bmatrix} i_A \\ i_B \\ i_C \end{bmatrix} \tag{3-5}
$$

$C_{3s/2s}$ 坐标系变换矩阵

$$
C_{3s/2s} = \frac{2}{3} \begin{bmatrix} 1 & -\frac{1}{2} & -\frac{1}{2} \\ 0 & \frac{\sqrt{3}}{2} & -\frac{\sqrt{3}}{2} \end{bmatrix} \tag{3-6}
$$

因此,$C_{2s/3s}$ 坐标系变换矩阵

$$
C_{2s/3s} = \begin{bmatrix} 1 & 0 \\ -\frac{1}{2} & \frac{\sqrt{3}}{2} \\ -\frac{1}{2} & -\frac{\sqrt{3}}{2} \end{bmatrix} \tag{3-7}
$$

如果三相绕组是 Y 形连接不带零线,则有,

$$i_A+i_B+i_C=0 \tag{3-8}$$

于是

$$\begin{bmatrix} i_\alpha \\ i_\beta \end{bmatrix}=\begin{bmatrix} \sqrt{\frac{3}{2}} & 0 \\ \frac{1}{\sqrt{2}} & \sqrt{2} \end{bmatrix}\begin{bmatrix} i_A \\ i_B \end{bmatrix} \tag{3-9}$$

$$\begin{bmatrix} i_A \\ i_B \end{bmatrix}=\begin{bmatrix} \sqrt{\frac{2}{3}} & 0 \\ -\frac{1}{\sqrt{6}} & \frac{1}{\sqrt{2}} \end{bmatrix}\begin{bmatrix} i_\alpha \\ i_\beta \end{bmatrix} \tag{3-10}$$

(2) Park($2s/2r$)变换(图 3-4)

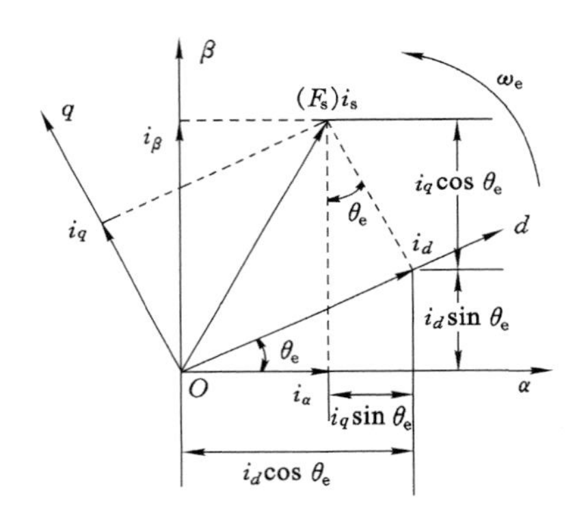

图 3-4　Park($2s/2r$)变换

两个交流电流 i_α、i_β 和两个直流电流 i_d、i_q，产生同样的以同步转速 ω_1 旋转的合成磁动势 F_s[1-5]。

由图 3-4 可见，i_α、i_β和 i_d、i_q 之间存在下列关系

$$\begin{aligned} i_\alpha &= i_d\cos\theta_e - i_q\sin\theta_e \\ i_\beta &= i_d\sin\theta_e + i_q\cos\theta_e \end{aligned} \tag{3-11}$$

写成矩阵的形式

$$\begin{bmatrix} i_\alpha \\ i_\beta \end{bmatrix}=\begin{bmatrix} \cos\theta_e & -\sin\theta_e \\ \sin\theta_e & \cos\theta_e \end{bmatrix}\begin{bmatrix} i_d \\ i_q \end{bmatrix}=C_{2r/2s}\begin{bmatrix} i_d \\ i_q \end{bmatrix} \tag{3-12}$$

坐标系变换矩阵

$$C_{2r/2s}=\begin{bmatrix} \cos\theta_e & -\sin\theta_e \\ \sin\theta_e & \cos\theta_e \end{bmatrix} \tag{3-13}$$

$$C_{2s/2r}=\begin{bmatrix}\cos\theta_e & \sin\theta_e\\ -\sin\theta_e & \cos\theta_e\end{bmatrix} \tag{3-14}$$

三、三相静止坐标系到两相旋转坐标系变换($3s/2r$)

将三相静止坐标系 ABC 变换到两相旋转坐标系 dq，各变量具有如下关系[1-5]

$$[f_d\quad f_q\quad f_0]^{\mathrm T}=C_{3s/2r}[f_A\quad f_B\quad f_C]^{\mathrm T} \tag{3-15}$$

其中，f 代表电机的电压、电流、磁链等变量，$C_{3s/2r}$ 为坐标变换矩阵，可以表示为

$$C_{3s/2r}=C_{3s/2s}\cdot C_{2s/2r}=\frac{2}{3}\begin{bmatrix}\cos\theta_e & \cos(\theta_e-2\pi/3) & \cos(\theta_e+2\pi/3)\\ -\sin\theta_e & -\sin(\theta_e-2\pi/3) & -\sin(\theta_e+2\pi/3)\\ 1/2 & 1/2 & 1/2\end{bmatrix} \tag{3-16}$$

将两相旋转坐标系 dq 变换到三相静止坐标系 ABC，各变量具有如下关系

$$[f_A\quad f_B\quad f_C]^{\mathrm T}=C_{2r/3s}[f_d\quad f_q\quad f_0]^{\mathrm T} \tag{3-17}$$

$$C_{2r/3s}=C_{3s/2r}^{-1}=\begin{bmatrix}\cos\theta_e & -\sin\theta_e & 1\\ \cos(\theta_e-2\pi/3) & -\sin(\theta_e-2\pi/3) & 1\\ \cos(\theta_e+2\pi/3) & -\sin(\theta_e+2\pi/3) & 1\end{bmatrix} \tag{3-18}$$

对于三相对称系统，在计算时零序分量可以忽略不计。

因此两相旋转坐标系，电机的电流可以表示为

$$\begin{bmatrix}i_d\\ i_q\\ i_0\end{bmatrix}=\frac{2}{3}\begin{bmatrix}\cos\theta_e & \cos(\theta_e-2\pi/3) & \cos(\theta_e+2\pi/3)\\ -\sin\theta_e & -\sin(\theta_e-2\pi/3) & -\sin(\theta_e+2\pi/3)\\ 1/2 & 1/2 & 1/2\end{bmatrix}\begin{bmatrix}i_a\\ i_b\\ i_c\end{bmatrix} \tag{3-19}$$

i_d、i_q、i_0 可看作 dq 坐标系的量，dq 角速度 ω_e 旋转，“0”坐标轴则是为了式(3-19)逆运算存在而抽象出来。

式中，零序电流 $i_0=(i_a+i_b+i_c)/3$。三相零序电流不能用综合矢量表示，它只产生漏磁，不产生气隙合成磁场。

电枢三相电压及磁链的坐标变换关系定义为

$$u_{dq0}=C_{3s/2r}u_{abc}\,;\psi_{dq0}=C_{3s/2r}\psi_{abc} \tag{3-20}$$

电枢三相电流、电压及磁链的坐标逆变换关系定义为

$$i_{abc}=C_{2r/3s}i_{dq0}\,;u_{abc}=C_{2r/3s}u_{dq0}\,,\psi_{abc}=C_{2r/3s}\psi_{dq0} \tag{3-21}$$

四、dq 坐标系下的电机功率

三相电流的功率为[1-5]

$$P_{abc}=u_{abc}^{\mathrm{T}}i_{abc}=u_{dq0}^{\mathrm{T}}(C_{2r/3s})^{\mathrm{T}}C_{2r/3s}i_{dq0} \tag{3-22}$$

根据式(3-16)可知，$(C_{2r/3s})^{\mathrm{T}}C_{2r/3s}=\begin{bmatrix}3/2 & 0 & 0\\ 0 & 3/2 & 0\\ 0 & 0 & 3/2\end{bmatrix}$，并根据变换前后功率不变原则，可得电机在 dq 坐标系下的功率表达式

$$P_{dq}=\frac{3}{2}u_d i_d+\frac{3}{2}u_q i_q+3u_0 i_0 \tag{3-23}$$

当电枢通入三相对称电流时，$i_0=0$，此时

$$P_{dq}=\frac{3}{2}u_d i_d+\frac{3}{2}u_q i_q=\frac{3}{2}(u_d i_d+u_q i_q) \tag{3-24}$$

可见，2/3 变换系统，由三相变换到两相，电机总功率变了。根据变换前后功率不变原则，在 dq 坐标系中进行电磁功率计算时，应乘以系数 3/2。

第三节　永磁直线同步电机 *ABC* 坐标系数学建模

电机定子电枢绕组与永磁体动子完全耦合的 PMLSM 在定子 ABC 三相坐标系中的数学模型可以表示为[1-2,6-7]：

(1) 电压方程式

$$\begin{cases}u_A=Ri_A+\dfrac{\mathrm{d}\psi_A}{\mathrm{d}t}\\ u_B=Ri_B+\dfrac{\mathrm{d}\psi_B}{\mathrm{d}t}\\ u_C=Ri_C+\dfrac{\mathrm{d}\psi_C}{\mathrm{d}t}\end{cases} \tag{3-25}$$

式中　u_A,u_B,u_C——定子绕组 A、B、C 相端电压，V；

i_A,i_B,i_C——定子绕组 A、B、C 相电流，A；

R——定子绕组相电阻，Ω；

ψ_A,ψ_B,ψ_C——三相定子绕组的全磁链，Wb。

(2) 磁链方程式

三相定子绕组的全磁链 $\psi_1(\theta_e,i)$ 可以表示为

$$\psi_1(\theta_e,i)=\psi_{11}(\theta_e,i)+\psi_{12}(\theta_e,i) \tag{3-26}$$

其中，$(\psi_{12}(\theta,i))$ 矩阵为用磁场匝链到定子绕组的永磁磁链矩阵，

$$(\psi_{12}(\theta_e,i))=\begin{bmatrix}\psi_{mA}(\theta_e)\\ \psi_{mB}(\theta_e)\\ \psi_{mC}(\theta_e)\end{bmatrix} \tag{3-27}$$

由式(3-27)永磁磁链仅与动子位置角有关系，式(3-27)中的$(\psi_{11}(\theta_e,i))$是定子绕组电流产生的磁场匝链到定子绕组自身的磁链分量

$$(\psi_{11}(\theta_e,i))=\begin{bmatrix}\psi_{1A}(\theta_e,i)\\\psi_{1B}(\theta_e,i)\\\psi_{1C}(\theta_e,i)\end{bmatrix}=\begin{bmatrix}L_{AA} & L_{AB} & L_{AC}\\L_{BA} & L_{BB} & L_{BC}\\L_{CA} & L_{CB} & L_{CC}\end{bmatrix}\begin{bmatrix}i_A\\i_B\\i_C\end{bmatrix} \tag{3-28}$$

$$\begin{cases}\psi_A=L_{AA}i_A+L_{AB}i_B+L_{AC}i_C+\psi_{mA}\\\psi_B=L_{BA}i_A+L_{BB}i_B+L_{BC}i_C+\psi_{mB}\\\psi_C=L_{CA}i_A+L_{CB}i_B+L_{CC}i_C+\psi_{mC}\end{cases} \tag{3-29}$$

式中　L_{AA},L_{BB},L_{CC}——三相定子绕组的电感；

$L_{AB},L_{BA},L_{AC},L_{CA},L_{BC},L_{CB}$——三相定子绕组之间的互感；

$\psi_{mA},\psi_{mC},\psi_{mC}$——永磁励磁磁场链过 ABC 绕组产生的磁链。

$$\begin{cases}\psi_{mA}=\psi_f\cos(\omega t)\\\psi_{mB}=\psi_f\cos(\omega t-2\pi/3)\\\psi_{mC}=\psi_f\cos(\omega t+2\pi/3)\end{cases} \tag{3-30}$$

式中　$\psi_{mA},\psi_{mC},\psi_{mC}\psi_f$——永磁体磁链幅值。

将式(3-29)代入式(3-25)中，写成矩阵形式有

$$\begin{bmatrix}u_A\\u_B\\u_C\end{bmatrix}=\begin{bmatrix}R & 0 & 0\\0 & R & 0\\0 & 0 & R\end{bmatrix}\begin{bmatrix}i_A\\i_B\\i_C\end{bmatrix}+p\left\{\begin{bmatrix}L_{AA} & L_{AB} & L_{AC}\\L_{BA} & L_{BB} & L_{BC}\\L_{CA} & L_{CB} & L_{CC}\end{bmatrix}\begin{bmatrix}i_A\\i_B\\i_C\end{bmatrix}\right\}+p\begin{bmatrix}\psi_{mA}\\\psi_{mB}\\\psi_{mC}\end{bmatrix} \tag{3-31}$$

式中　p——微分算子。

当不考虑端部效应时，同电励磁三相隐极同步电动机一样，永磁直线同步电机气隙均匀，ABC 三相定子绕组的自感可以表示为

$$\begin{cases}L_{AA}=L_{s0}-L_{s2}\cos 2\theta_e\\L_{BB}=L_{s0}-L_{s2}\cos 2(\theta_e-2\pi/3)\\L_{CC}=L_{s0}-L_{s2}\cos 2(\theta_e+2\pi/3)\end{cases} \tag{3-32}$$

式中　L_{s0}——定子绕组自感平均值；

L_{s2}——定子绕组自感二次谐波幅值；

θ_e——动子位置电气角度。

$$L_{s0}=L_1+(L_{AAd}+L_{AAq})/2 \tag{3-33}$$

$$L_{s2}=(L_{AAd}-L_{AAq})/2 \tag{3-34}$$

式中　L_1——漏自感的平均值，与定子绕组漏磁链有关，与动子位置无关；

L_{AAd},L_{AAq}——交直轴电感。

$$L_{AAd}=KN_A\lambda_{\delta d} \tag{3-35}$$

$$L_{AAq}=KN_A\lambda_{\delta q} \tag{3-36}$$

式中　K——气隙磁链和磁动势、气隙磁导的比例系数；

N_A——A 相绕组的匝数；

$\lambda_{\delta d}$——d 轴方向的气隙磁导；

$\lambda_{\delta q}$——q 轴方向的气隙磁导。

ABC 三相定子绕组的互感可以表示为

$$\begin{cases}L_{AB}=L_{BA}=-M_{s0}+M_{s2}\cos 2(\theta_e+\pi/6)\\ L_{BC}=L_{CB}=-M_{s0}+M_{s2}\cos 2(\theta_e-\pi/2)\\ L_{AC}=L_{CA}=-M_{s0}+M_{s2}\cos 2(\theta_e+5\pi/6)\end{cases} \tag{3-37}$$

式中　M_{s0}——定子绕组互感平均值的绝对值；

M_{s2}——定子绕组互感二次谐波幅值。

$$M_{s0}=(L_{AAd}+L_{AAq})/4 \tag{3-38}$$

$$M_{s2}=(L_{AAd}-L_{AAq})/2 \tag{3-39}$$

$$M_{s2}=L_{s2} \tag{3-40}$$

对于表面安装式(表贴式)PMLSM，$L_{AAd}=L_{AAq}$，使得和动子位置有关的系数 $L_{s2}=0$，根据式(3-32)、式(3-37)可知，此时电机的自感和互感与动子位置无关。

将式(3-32)、式(3-37)代入式(3-28)可以得到定子磁链分量的矩阵方程

$$(\psi_{11}(\theta_e,i))=\left\{\begin{bmatrix}L_{s0} & -M_{s0} & -M_{s0}\\ -M_{s0} & L_{s0} & -M_{s0}\\ -M_{s0} & -M_{s0} & L_{s0}\end{bmatrix}+\right.$$

$$\left.\begin{bmatrix}-L_{s2}\cos(2\theta_e) & M_{s2}\cos 2(\theta_e+\pi/6) & \cos 2(\theta_e+5\pi/6)\\ M_{s2}\cos 2(\theta_e+\pi/6) & -L_{s2}\cos 2(\theta_e-2\pi/3) & M_{s2}\cos 2(\theta_e-\pi/2)\\ M_{s2}\cos 2(\theta_e+5\pi/6) & M_{s2}\cos 2(\theta_e-\pi/2) & -L_{s2}\cos 2(\theta_e+2\pi/3)\end{bmatrix}\right\}\cdot\begin{bmatrix}i_A\\ i_B\\ i_C\end{bmatrix} \tag{3-41}$$

第四节　永磁直线同步电机 dq 坐标系数学建模

根据本章第二节的公式推导，可以利用下述变换矩阵将 ABC 坐标系中三相静止定子绕组的电路变换到 dq 坐标系下两相旋转绕组中的电流变量

$$\begin{bmatrix}i_d\\ i_q\end{bmatrix}=C_{2s/2r}\cdot C_{3s/2s}\cdot\begin{bmatrix}i_A\\ i_B\\ i_C\end{bmatrix} \tag{3-42}$$

采用上述坐标变换原理，可以将 PMLSM 不同的绕组变换为同一坐标系（dq 坐标系）中的绕组。电动机的电压、磁链等物理量的变换矩阵与上述的电路变换矩阵相同。这样就可以将上一节中复杂的数学模型进行简化，得到下面的 PMLSM 的数学模型。

一、电压、磁链方程

dq 坐标系下，PMLSM 电压、磁链方程为[1-2,6-7]

$$\begin{cases} u_d = Ri_d + p\psi_d - \omega_e \psi_q \\ u_q = Ri_q + p\psi_q + \omega_e \psi_d \end{cases} \tag{3-43}$$

PMLSM 的方程为

$$\begin{cases} \psi_d = L_d i_d + \psi_f \\ \psi_q = L_q i_q \end{cases} \tag{3-44}$$

式中　u_d, u_q——初级绕组 d, q 轴电压；

i_d, i_q——绕组 d, q 轴电枢电流；

ψ_d, ψ_q——组 d, q 轴磁链；

R——电枢电阻；

L_d, L_q——d, q 轴电感；

ω_e——PMLSM 运行时的角速度（同步磁场旋转角速度）；

ψ_f——次级永磁体磁链；

p——微分算子。

二、PMLSM 的速度方程

对于传统的永磁同步电机（PMSM），其机械角频率可以表示为

$$\omega_m = \frac{2\pi n}{T} = \frac{2\pi n}{60} \quad (\mathrm{rad/s}) \tag{3-45}$$

式中　n——电机转速，r/min。

根据式（3-45），可以推导出转速的表达式为

$$n = \frac{60\omega_m}{2\pi} \quad (\mathrm{r/min}) \tag{3-46}$$

对于极对数为 p_n 的 PMSM，其电气角频率为

$$\omega_e = p_n \omega_m \tag{3-47}$$

其线速度可以表示为

$$v = n\frac{2p_n\tau}{60} = \frac{60\omega_m}{2\pi}\frac{2p_n\tau}{60} = \frac{\omega_e\tau}{\pi} = 2f\tau \quad (\mathrm{mm/s}) \tag{3-48}$$

即，

$$v=2f\tau \tag{3-49}$$

式中 τ——PMLSM 极距。

由于电气角频率（电磁波的角速度）也可以表示为

$$\omega_e=2\pi f \tag{3-50}$$

根据式(3-49)、式(3-50)可以得出

$$\omega_e=\pi v/\tau \tag{3-51}$$

三、电磁推力方程

根据式(3-24)、式(3-43)可知

$$\begin{aligned}P_e=P_{dq}&=\frac{3}{2}(u_d i_d+u_q i_q)\\&=\frac{3}{2}[(Ri_d^2+Ri_q^2)+(i_d p\psi_d+i_q p\psi_q)+\omega_e(\psi_d i_q-\psi_q i_d)]\\&=\frac{3}{2}\left[(Ri_d^2+Ri_q^2)+(i_d p\psi_d+i_q p\psi_q)+\frac{\pi v}{\tau}(\psi_d i_q-\psi_q i_d)\right]\end{aligned} \tag{3-52}$$

式中，

第一项$\frac{3}{2}(Ri_d^2+Ri_q^2)$是电机的铜耗，最后转化为热能散失；

第二项$\frac{3}{2}(i_d p\psi_d+i_q p\psi_q)$是电磁储能变化率，无机电能量转换；

第三项$\frac{3}{2}\frac{\pi v}{\tau}(\psi_d i_q-\psi_q i_d)$是电机的电磁功率。

因此，电磁功率方程式为

$$P_{em}=\frac{3}{2}\frac{\pi v}{\tau}(\psi_d i_q-\psi_q i_d) \tag{3-53}$$

永磁直线同步电机电磁推力方程表达式为

$$F_e=\frac{3}{2}\frac{\pi}{\tau}(\psi_d i_q-\psi_q i_d) \tag{3-54}$$

将式(3-44)代入式(3-54)，可以得出 PMLSM 的电磁推力为

$$F_e=\frac{3}{2}\frac{\pi}{\tau}[\psi_f i_q+(L_d-L_q)i_d i_q] \tag{3-55}$$

$L_d=L_q=L_s$，式(3-55)可以表示为

$$F_e=\frac{3}{2}\frac{\pi}{\tau}\psi_f i_q \tag{3-56}$$

式(3-56)为矢量控制模型。从式(3-56)可以看出，永磁直线同步电机的推力只

与电枢交轴电流的幅值成正比，实现了解耦控制。只要在逆变器中控制好定子电流的幅值和相位，就会得到满意的推力控制特性，在控制回路中，并入速度或位置负反馈，可以保证整个系统的稳定运行。

四、运动平衡方程式

动子的机械运动方程为

$$M\frac{\mathrm{d}v}{\mathrm{d}t}=F_e-F_l-Bv \tag{3-57}$$

式中　M——运动部分的质量；

F_e——电磁推力；

F_l——外部扰动；

B——黏性摩擦系数。

五、三相 *ABC* 坐标系 PMLSM 数学模型中的电感矩阵变换到 *dq* 坐标系

根据式(3-28)，三相定子电流产生的定子绕组磁链为

$$\begin{bmatrix}\psi_{1A}(\theta,i)\\\psi_{1B}(\theta,i)\\\psi_{1C}(\theta,i)\end{bmatrix}=\begin{bmatrix}L_{AA} & L_{AB} & L_{AC}\\L_{BA} & L_{BB} & L_{BC}\\L_{CA} & L_{CB} & L_{CC}\end{bmatrix}\begin{bmatrix}i_A\\i_B\\i_C\end{bmatrix} \tag{3-58}$$

即，$(\psi_{11}(\theta,i))^{3s}=(L)^{3s}\cdot(i)^{3s}$

$$(\psi_{11}(\theta,i))^{2r}=C_{2s/2r}\cdot C_{3s/2s}\cdot\begin{bmatrix}\psi_{1A}(\theta,i)\\\psi_{1B}(\theta,i)\\\psi_{1C}(\theta,i)\end{bmatrix}=C_{2s/2r}\cdot C_{3s/2s}\cdot(L)^{3s}\cdot(i)^{3s}$$

$$=C_{2s/2r}\cdot C_{3s/2s}\cdot(L)^{3s}\cdot C_{2s/3s}\cdot C_{2r/2s}\cdot(i)^{2r}=L_{2r}\cdot(i)^{2r} \tag{3-59}$$

因此

$$L_{2r}=C_{2s/2r}\cdot C_{3s/2s}\cdot(L)^{3s}\cdot C_{2s/3s}\cdot C_{2r/2s}\cdot(i)^{2r} \tag{3-60}$$

在 MATLAB 中，键入如下指令进行分析[3,4]：

```
clear
whos
syms st ls0 ls2 ms0
// 定义符号变量；
// st 为动子位置电角度，ls0 为定子绕组自感平均值的绝对值，ls2 为定子绕组自感二次谐波幅值，ms0 为定子绕组互感平均值的绝对值。
c2s2r=[cos(st) sin(st);-sin(st) cos(st)];
c2r2s=[cos(st) -sin(st);sin(st) cos(st)];
```

```
c3s2s=2/3*[1 -0.5 -0.5; 0 sqrt(3)/2 -sqrt(3)/2];
c2s3s=[1 0; -0.5 sqrt(3)/2; -0.5 -sqrt(3)/2];
l3s=[ ls0 -ms0 -ms0;  -ms0 ls0 -ms0; -ms0 -ms0 ls0 ]+ls2*
[-cos(2*st)  cos(2*st+pi/3)  cos(2*st+5*pi/3); cos(2*st+pi/3)
-cos(2*st-4*pi/3) cos(2*st-pi);  cos(2*st+5*pi/3)  cos(2*st-
pi)  -cos(2*st+4*pi/3)];
l2r=c2s2r*c3s2s*l3s*c2s3s*c2r2s;
simple(l2r) // 然后继续进行简化
```

MATLAB 中简化的最终结果如下：

```
ans=
[1s0-(3*1s2)/2+ms0,              0]
[               0,1s0-(3*1s2)/2+ms0]
```

参考式(3-33)、式(3-34)，该结果可以描述为

$$L_d=L_{s0}+M_{s0}-3/2L_{s2}=L_1+3/2L_{AAd} \tag{3-61}$$

$$L_q=L_{s0}+M_{s0}+3/2L_{s2}=L_1+3/2L_{AAq} \tag{3-62}$$

目标矩阵

$$L_{2r}=\begin{bmatrix} L_d & 0 \\ 0 & L_q \end{bmatrix} \tag{3-63}$$

本章参考文献

[1] 邹积浩. 永磁直线同步电机控制策略的研究[D]. 杭州：浙江大学，2005.

[2] 程兴民. 永磁直线同步电机直接推力控制研究[D]. 沈阳：沈阳工业大学，2015.

[3] 袁雷. 现代永磁同步电机控制原理及 MATLAB 仿真[M]. 北京：北京航空航天大学出版社，2016.

[4] 王军. 永磁同步电机智能控制技术[M]. 成都：西南交通大学出版社，2015.

[5] 王成元，夏加宽，孙宜标. 现代电机控制技术[M]. 北京：机械工业出版社，2015.

[6] 陆华才. 无位置传感器永磁直线同步电机进给系统初始位置估计及控制研究[D]. 杭州：浙江大学，2008.

[7] SHANGGUAN XUANFENG, LI QINGFU, YUAN SHIYING. Analysis on characteristics of permanent magnet linear synchronous machines with large armature resistances and small reactances[C]. Proceedings of the

Eighth International Conference on Electrical Machines and Systems, 2005:434-437.
[8] 袁登科.永磁同步电动机变频调速系统及其控制[M].北京:机械工业出版社,2015.

第四章 PMLSM直驱电梯整体建模

不同于定子电枢绕组连续型PMLSM，在绕组分段永磁直线同步电机（SW-PMLSM）永磁体动子移动过程中，永磁体动子与定子电枢绕组之间的相对位置发生变化，每段定子的磁路结构也发生改变，从而引起电机电磁参数的改变，即电磁参数是永磁体动子位置的函数。考虑磁路饱和特性时，一些电磁参数还是电流的函数，具有非线性的特点。另外，在永磁体动子运行的过程中，需要根据动子位置切换定子电枢绕组，绕组切换将引起电机模型参数的变化[1-3,5-7]。可见，绕组分段永磁直线电机的模型更为复杂。

本章主要研究永磁体动子位置变化对各段电机电感、反电势、电磁推力的影响规律。

第一节 动子位置变化对定子电感的影响规律

电机模型取决于电感，定子相绕组的电感是电动机最重要的电磁参数之一，电感值的大小与绕组的长度、直径、匝数、气隙长度以及铁芯的性质有关[1]。根据电机学原理，电机的绕组通过电流将产生磁势，该磁势与电流成正比。根据电机的磁路结构可以求出磁路的磁阻和磁导。因为磁通密度等于磁势除以磁阻，而磁链又与磁通密度成正比，由此可以得到电机的磁链。由物理学原理，电感系数等于磁链除以产生该磁链的电流，最终推导出电机的电感系数[2-4]。

电感系数可以用式(4-1)来表示：

$$L_{ij}=\frac{\psi_{ij}}{i_j}=\frac{N\Phi_{ij}}{i_j}=\frac{NF_{ij}}{i_jR_m}=\frac{NNi_j}{i_jR_m}=\frac{N^2}{R_m}=N^2\lambda \tag{4-1}$$

式中 L_{ij}——j 相电流在第 i 相产生的互感，如果 $i=j$，则为 i 相自感；

ψ_{ij}——j 相定子绕组电流在第 i 相链接的磁链；

i_j——第 j 相定子绕组电流；

N——绕组匝数；

Φ_{ij}——j 相定子绕组电流在第 i 相产生的磁通量；

R_m——磁阻；

λ——磁导。

PMLSM 端部开断使得各相互感不平衡，对于 A－C－B 相序分布，存在如下关系[3-4]：

$$L_{CA}=L_{AC}=L_{BC}=L_{CB}=M \tag{4-2}$$

$$L_{AB}=L_{BA}=KM,K\leqslant 1 \tag{4-3}$$

K 随电机极数的增加而趋近于 1，如果极数无穷大时，则等效于闭磁路铁芯时的情况，即 $K=1$。

SW-PMLSM 在动子永磁体运行过程中，将出现一台电机的定子绕组与永磁体励磁磁场耦合部分越来越小，直到完全脱离；另一台电机的定子绕组耦合部分越来越大，直到完全耦合。在动子运动过程中，单元电机的相电感随动子位置将发生变化。单元电机电感是动子位置的函数，根据动子的位置，可以将单元电机划分出 4 个状态，即单元电机定子绕组不在动子永磁体励磁磁场的范围内、逐渐进入动子永磁体励磁磁场、与动子永磁体励磁磁场全部耦合、从动子永磁体励磁磁场逐渐退出。因此可将动子永磁体位置对 SW-PMLSM 电机电感参数的影响规律分为以下 4 种情况[1-3]。

（1）单元电机定子绕组不在动子永磁体励磁磁场的范围内

当控制系统根据动子位置信号，预先控制单元电机绕组通电时，动子永磁体尚未与该单元电机定子绕组耦合，定子绕组直接面向敞开的空气，磁阻较大。

（2）单元电机定子绕组逐渐进入动子永磁体励磁磁场

在这一过程中，随着动子的运动，动子永磁体逐渐进入该单元电机定子绕组，动子永磁体与定子之间耦合的部分越来越大，电动机的等效气隙长度越来越小，磁阻 R_m 减小，磁导 λ 增大，相绕组的电感逐渐增加。

（3）单元电机定子绕组与动子永磁体励磁磁场全部耦合

在这一过程中，单元电机定子绕组与永磁体励磁磁场完全耦合，电动机的等效气隙长度最小，电机电感系数最大。

（4）单元电机定子绕组逐渐从动子永磁体励磁磁场退出

在这一过程中，随着动子的运动，动子永磁体逐渐退出该单元电机定子绕组，动子永磁体与定子之间耦合的部分越来越小，电动机的等效气隙长度逐渐变大，磁阻 R_m 增大，磁导 λ 减小，相绕组的电感逐渐减小。

根据以上分析，SW-PMLSM 的电感与永磁体动子位置有关，为了比较准确地计算绕组电感，必须考虑永磁磁场和电枢反应磁场之间的耦合。当一相绕组有电流通入时，该绕组所匝链的总磁链由永磁磁链和电枢磁链两个部分构成[3,4]，即：

$$\psi=\psi_m+Li \tag{4-4}$$

式中　ψ——合成磁链；

ψ_m——永磁体产生的永磁磁链；

L——自感；

i——通入的相电流。

合成磁链可以通过有限元方法进行求解[3,4]：

$$\psi = \int_s (\nabla \times A_z) \cdot \mathrm{d}s = \oint_l A_z \cdot \mathrm{d}l \tag{4-5}$$

根据式(4-4)、式(4-5)可以得出电感系数的计算公式：

$$L = \frac{\psi - \psi_m}{i} \tag{4-6}$$

利用有限元方法可仿真动子位置变化对电感的影响规律，步骤如下：

(1) 第一次仿真时，动子位置为 0 mm，即动子左端边界与定子电枢左端边界重合，动子与定子完全耦合。

(2) 定子电枢不通电流，只计算永磁体产生的永磁磁链，$\psi=\psi_m$。

(3) 定子的某一相加电流载荷，其余相电流为零，求解合成磁链。

(4) 根据式(4-6)可计算出电感值。

(5) 每次动子位置均比上次前进一个齿宽，即 8 mm，重复步骤(2)～(5)，直到单元电机定子绕组逐渐从动子永磁体励磁磁场退出。

单元电机定子绕组逐渐从动子永磁体励磁磁场退出过程中三相绕组电感的变化趋势仿真如图 4-1 所示。

从图 4-1 可以看出，由于 PMLSM 的端部效应，三相电感不对称，位于定子电枢中间的 C 相绕组自感略微大于 A 相、B 相自感。随着动子逐渐退出定子电枢耦合区，A 相绕组最先退出耦合区，B 相绕组最后退出耦合区，空间上滞后 120 mm，为单段 PMLSM 定子电枢长度的三分之一，符合理论分析。

当某段定子绕组不在动子永磁体励磁磁场的范围内时，该段电机的三相自感均变成漏感。从图 4-1 可以看出，单段 PMLSM 定子绕组与永磁体完全耦合时自感值为 0.110 mH；定子绕组完全从动子永磁体励磁磁场完全退出时，其自感值为 0.103 mH 左右，说明动子永磁体未进入定子绕组区域时，电机的漏感较大。对于 SW-PMLSM 来说，需要根据动子位置变化，预先给即将进入动子耦合区的单元电机定子电枢绕组通电，因此漏磁场不可避免。

由于采用集中绕组，在单段 PMLSM 定子绕组与动子励磁磁场完全耦合时，A 相与 C 相的互感、B 相与 C 相的互感大小基本相同；由于定子铁芯开断，铁芯端部绕组(A 相和 B 相)之间的互感较小，存在三相互感不对称现象。

由于动子铁芯开断，动子端部效应对单元电机互感影响较大，随着单元定子绕组逐渐从励磁磁场退出，在绕组间的互感系数呈非线性变化。A 相与 B 相互

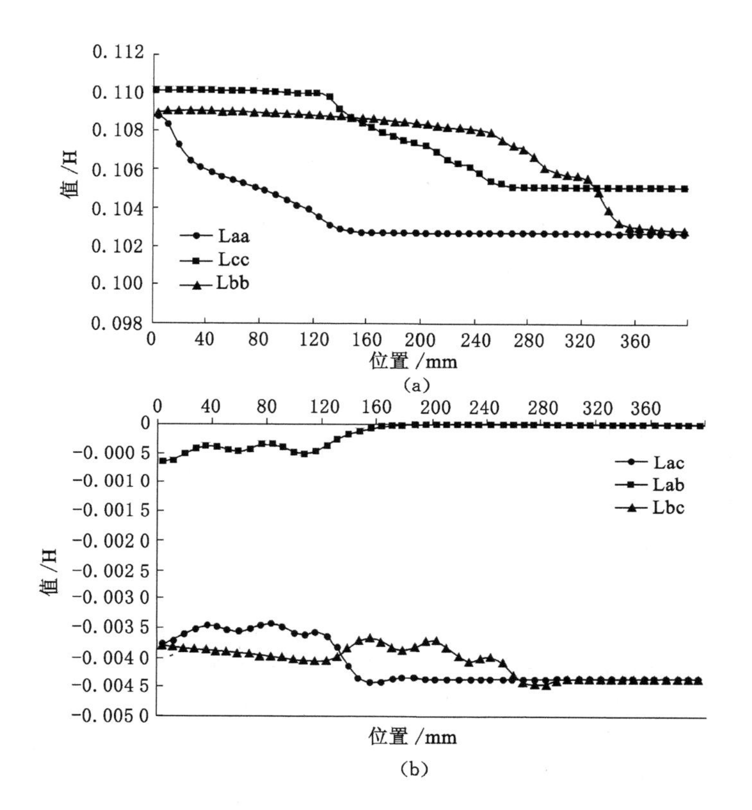

图 4-1　PMLSM单元定子绕组逐渐从励磁磁场退出时三相绕组电感

(a) 三相绕组间的自感；(b)三相绕组间的互感

感随着动子的退出逐渐减小，而A相与C相、B相与C相互感增大。

当电机极数增加，定子电枢连续布置时，等效于闭磁路铁芯时的情况，SW-PMLSM三相互感不对称程度减小。处于磁场完全耦合状态的单元型PMLSM定子可以等效为无限长，其定子端部效应小，三相电感近似对称。对于逐渐进入和逐渐退出动子永磁体励磁磁场的电机定子绕组存在三相的互感不对称现象。

第二节　动子位置变化对反电势的影响规律

在永磁体所产生的磁场中，当动子永磁体运动时，定子绕组每一个槽中的导体将会产生感应电势。由于PMLSM有效气隙较大，动子永磁体产生的气隙磁通密度分布波形可以视为正弦形。只考虑永磁体所产生磁场的气隙磁通密度基波分量时，有效导体电势可表示为[2-4]：

$$e_1=B_1(x)lv=B_{1m}lv\sin\left(\frac{\pi}{\tau}x\right)$$

式中　v——动子运行速度；

τ——极距；

l——有效导体长度。

当绕组各元件均串联时，A 相绕组基波电势 e_{A1} 为各元件边电势的相量和，当绕组为整距集中绕组时，e_{A1} 为各元件边电势的代数和。e_{A1} 可以表示为：

$$e_{A1}=\sum_{j=1}^{n}\sum_{i=1}^{N_c}e_{ij1}$$

式中　n——每相绕组的元件边数；

N_c——每个元件边的导体数。

当动子永磁体运动时，对于每台单元电机定子来说，随着更多的元件边逐渐进入动子励磁磁场，每一相感应电势（简称相电势）的有效值逐渐增加；当元件边逐渐退出励磁磁场时，相电势的有效值逐渐减小；定子与动子完全耦合时，定子所有的元件边均在动子励磁磁场中，相电势有效值保持不变。

为了精确地分析反电势对整个系统的影响规律，需要经过严格的公式推导与证明，不妨考虑具有 N 个磁极的动子在进入、退出单个线圈时，所产生的磁动势变化规律。为了方便分析，假设槽内导体集中于槽口正中一点，动子以速度 v 沿 x 轴的正方向运动，单个线圈的空间分布如图 4-2 所示。

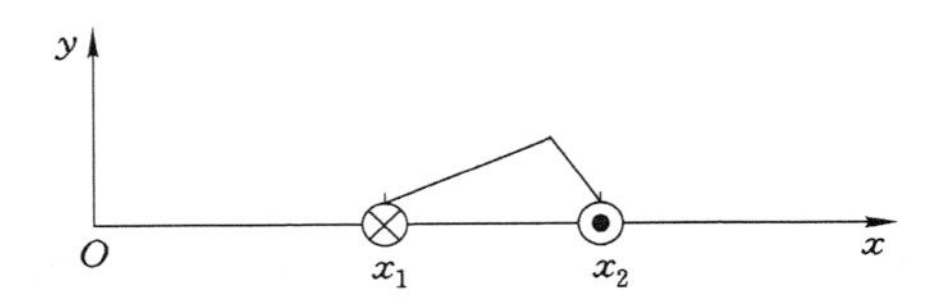

图 4-2　单个线圈的空间分布

线圈中的感应电势可表示为：

$$e=-\frac{d\psi}{dt}=-\frac{d}{dt}(N_c\Phi)=-N_c\frac{d}{dt}\int_{x_1}^{x_2}B(x)\cdot l\mathrm{d}x \tag{4-7}$$

当电机动子位于 x_0 位置时，气隙磁通密度可以表示为：

$$B(x_0,x)=\begin{cases}B_m\sin\frac{\pi}{\tau}(x-x_0) & x_0\leqslant x\leqslant x_0+l_m\\ 0 & \text{其他}\end{cases} \tag{4-8}$$

式中　l_m——动子长度。

由式(4-7)可计算出动子不同位置时线圈中的感应电势，根据动子位置不同，可以将感应电势的计算分为以下几种情况[1-3]。

（1）$x_0+l_m<x_1$，即 $x_0<x_1-l_m$，动子没有进入线圈，线圈感应电势为零，如图 4-3 所示。

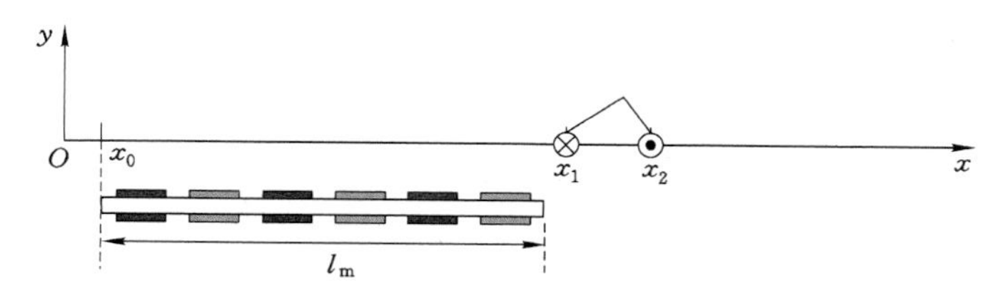

图 4-3　动子未进入线圈

（2）$x_1\leqslant x_0+l_m\leqslant x_2$，即 $x_1-l_m\leqslant x_0\leqslant x_2-l_m$，动子逐渐进入线圈，如图 4-4 所示。

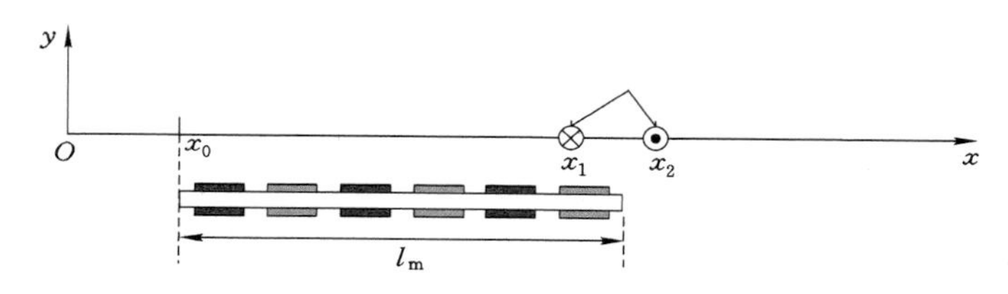

图 4-4　动子进入线圈

动子逐渐进入线圈时的感应电势可以表示为：

$$
\begin{aligned}
e &= -N_c\frac{\mathrm{d}\Phi}{\mathrm{d}t} = -N_c\frac{\mathrm{d}}{\mathrm{d}t}\int_{x_1}^{x_2}B(x)\cdot l\cdot \mathrm{d}x \\
&= -N_c\frac{\mathrm{d}}{\mathrm{d}t}\int_{x_1}^{x_0+l_m}B_m\cdot l\cdot\sin\frac{\pi}{\tau}(x-x_0)\mathrm{d}x \\
&= -N_cB_ml\frac{\mathrm{d}}{\mathrm{d}t}\left\{\left[-\frac{\tau}{\pi}\cos\frac{\pi}{\tau}(x-x_0)\right]\Bigg|_{x_1}^{x_0+l_m}\right\} \\
&= -N_cB_ml\frac{\mathrm{d}}{\mathrm{d}t}\left[-\frac{\tau}{\pi}\cos\frac{\pi}{\tau}l_m+\frac{\tau}{\pi}\cos\frac{\pi}{\tau}(x_1-x_0)\right] \qquad (4\text{-}9)
\end{aligned}
$$

由于动子长度 l_m 为极距 τ 的偶数倍，因此 $\cos(\pi\cdot l_m/\tau)=1$，所以，上式可写为：

$$
\begin{aligned}
e &= -N_cB_ml\frac{\mathrm{d}}{\mathrm{d}t}\left[-\frac{\tau}{\pi}+\frac{\tau}{\pi}\cos\frac{\pi}{\tau}(x_1-x_0)\right] \\
&= -N_cB_ml\left[\frac{\tau}{\pi}\cdot\left(-\frac{\pi}{\tau}\right)\sin\frac{\pi}{\tau}(x_1-x_0)\cdot\left(-\frac{\mathrm{d}x_0}{\mathrm{d}t}\right)\right] \\
&= -N_cB_mlv\sin\frac{\pi}{\tau}(x_1-x_0) \qquad (4\text{-}10)
\end{aligned}
$$

(3) $x_0<x_1$ 且 $x_0+l_m>x_2$ 即 $x_2-l_m<x_0<x_1$，线圈完全与动子耦合，如图 4-5 所示。

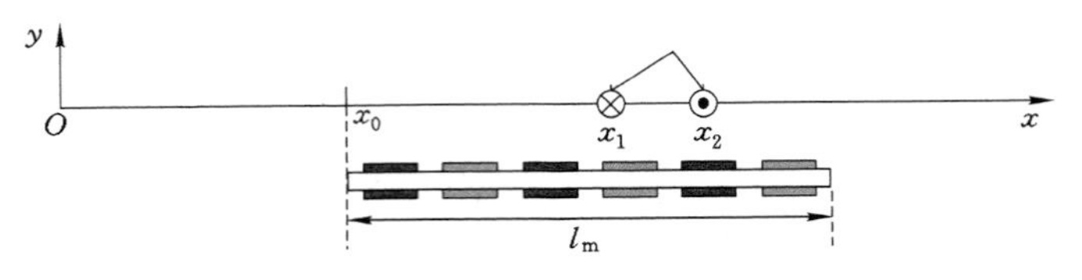

图 4-5　动子完全进入线圈

线圈完全与动子耦合时的感应电势可以表示为：

$$\begin{aligned} e &= -N_c\frac{\mathrm{d}\Phi}{\mathrm{d}t} = -N_c\frac{\mathrm{d}}{\mathrm{d}t}\int_{x_1}^{x_2}B(x)\cdot l\cdot \mathrm{d}x \\ &= -N_c\frac{\mathrm{d}}{\mathrm{d}t}\int_{x_1}^{x_2}B_m\cdot l\cdot \sin\frac{\pi}{\tau}(x-x_0)\mathrm{d}x \\ &= -N_cB_ml\frac{\mathrm{d}}{\mathrm{d}t}\left\{\left[-\frac{\tau}{\pi}\cos\frac{\pi}{\tau}(x-x_0)\right]\Bigg|_{x1}^{x2}\right\} \\ &= -N_cB_ml\frac{\mathrm{d}}{\mathrm{d}t}\left[-\frac{\tau}{\pi}\cos\frac{\pi}{\tau}(x_2-x_0)+\frac{\tau}{\pi}\cos\frac{\pi}{\tau}(x_1-x_0)\right] \\ &= -N_cB_mlv\left[-\sin\frac{\pi}{\tau}(x_2-x_0)+\sin\frac{\pi}{\tau}(x_1-x_0)\right] \end{aligned} \tag{4-11}$$

(4) $x_1\leqslant x_0\leqslant x_2$，动子逐渐离开线圈，如图 4-6 所示。

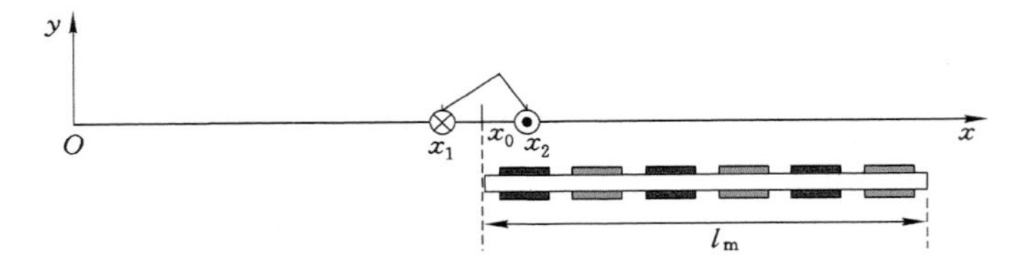

图 4-6　动子逐渐离开线圈

动子逐渐离开线圈时的感应电势可以表示为：

$$\begin{aligned} e &= -N_c\frac{\mathrm{d}\Phi}{\mathrm{d}t} = -N_c\frac{\mathrm{d}}{\mathrm{d}t}\int_{x_1}^{x_2}B(x)\cdot l\cdot \mathrm{d}x \\ &= -N_c\frac{\mathrm{d}}{\mathrm{d}t}\int_{x_0}^{x_2}B_m\cdot l\cdot \sin\frac{\pi}{\tau}(x-x_0)\mathrm{d}x \\ &= -N_cB_ml\frac{\mathrm{d}}{\mathrm{d}t}\left\{\left[-\frac{\tau}{\pi}\cos\frac{\pi}{\tau}(x-x_0)\right]\Bigg|_{x_0}^{x_2}\right\} \\ &= -N_cB_ml\frac{\mathrm{d}}{\mathrm{d}t}\left[-\frac{\tau}{\pi}\cos\frac{\pi}{\tau}(x_2-x_0)+\frac{\tau}{\pi}\right] \end{aligned}$$

$$= N_c B_m l v \sin\frac{\pi}{\tau}(x_2 - x_0) \tag{4-12}$$

(5) $x_0 > x_2$，动子完全离开线圈，线圈感应电势为零。

根据以上分析，可以推导出动子在不同位置时线圈链接的磁链：

$$\psi=\begin{cases}0, & x_0<x_1-l_m \\ N_c B_m l\left[-\frac{\tau}{\pi}+\frac{\tau}{\pi}\cos\frac{\pi}{\tau}(x_1-x_0)\right], & x_1-l_m\leqslant x_0\leqslant x_2-l_m \\ N_c B_m l\left[-\frac{\tau}{\pi}\cos\frac{\pi}{\tau}(x_2-x_0)+\frac{\tau}{\pi}\cos\frac{\pi}{\tau}(x_1-x_0)\right], & x_2-l_m<x_0<x_1 \\ N_c B_m l\left[-\frac{\tau}{\pi}\cos\frac{\pi}{\tau}(x_2-x_0)+\frac{\tau}{\pi}\right], & x_1\leqslant x_0\leqslant x_2 \\ 0, & x_0>x_2\end{cases} \tag{4-13}$$

根据式(4-13)，可以求解出动子在不同位置时线圈中的感应电势。在动子移动过程中，感应电势的表达式见式(4-14)：

$$e=\begin{cases}0, & x_0<x_1-l_m \\ -N_c B_m l v\sin\frac{\pi}{\tau}(x_1-x_0), & x_1-l_m\leqslant x_0\leqslant x_2-l_m \\ -N_c B_m l v\left[-\sin\frac{\pi}{\tau}(x_2-x_0)+\sin\frac{\pi}{\tau}(x_1-x_0)\right], & x_2-l_m<x_0<x_1 \\ N_c B_m l v\sin\frac{\pi}{\tau}(x_2-x_0), & x_1\leqslant x_0\leqslant x_2 \\ 0, & x_0>x_2\end{cases} \tag{4-14}$$

以16P15S单边平板型PMLSM的A相绕组为例，其绕组分布接线图如图4-7所示，x轴上方的数值标号为槽号。

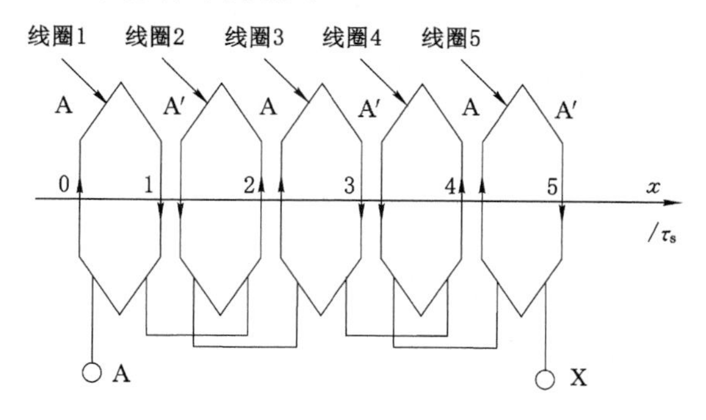

图4-7　16P15S单边平板型PMLSM的A相绕组分布图

当动子以速度 v 沿 x 轴正方向移动时，会依次在各线圈内感应出电动势，对于每一个 x_0，各个线圈的电动势可以根据式(4-14)进行计算。

假设 e_1、e_2、e_3、e_4、e_5 分布代表线圈 1、线圈 2、线圈 3、线圈 4、线圈 5 的感应电动势，则 A 相绕组总的感应电动势可表示为：

$$e_{A\_sum}=e_1(x_0)-e_2(x_0)+e_3(x_0)-e_4(x_0)+e_5(x_0) \tag{4-15}$$

同理，可以计算出 B、C 相线圈中的感应电动势。

16P15S PMLSM 单元定子电枢极距 22.5 mm，定子长度 360 mm，槽距 $16\tau/15$。根据 16P15S PMLSM 绕组分布可以计算出 C 相、B 相的绕组进入和退出永磁体励磁磁场的时间分别比 A 相绕组晚 $16\tau/3v$ 和 $32\tau/3v$，相应反电势的变化较 A 相绕组晚 $16\tau/3v$ 和 $32\tau/3v$。

换算为相位，C 相滞后 A 相的相位用角度表示时，可利用式(4-16)计算：

$$\frac{\frac{16\tau}{3v}}{T}\times 2\pi=\frac{\frac{16\tau}{3v}}{\frac{2\tau}{v}}\times 2\pi=\frac{16\tau}{3v}\times\frac{v}{2\tau}\times 2\pi=\frac{16}{3}\pi=4+\frac{2}{3}\pi \tag{4-16}$$

根据式(4-16)可以得出，C 相感应电势比 A 相感应电势晚 120°，同理可以得出 B 相感应电势比 A 相感应电势晚 240°，即 B 相滞后 A 相 120°，C 相滞后 A 相 240°。在动子与定子完全耦合时，三相感应电势对称。

我们对 16P15S U 型 PMLSM 单元定子进行了有限元仿真，当动子以 1 m/s 速度运行时，16P15S U 型 PMLSM 单元定子电枢的反电势波形如图 4-8 所示。

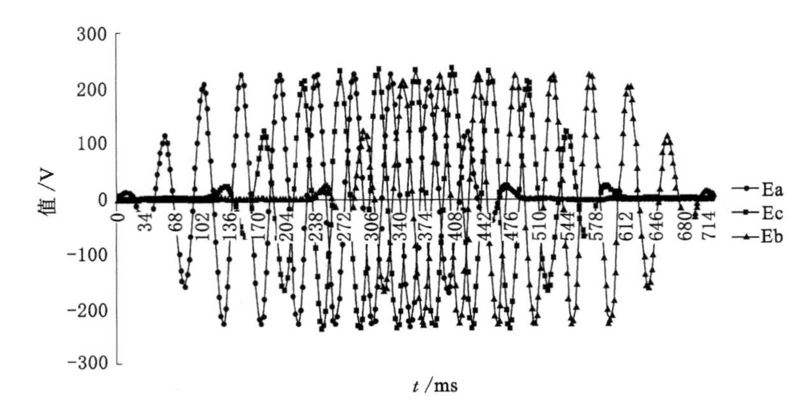

图 4-8　动子以 1 m/s 速度运行时 16P15S U 型 PMLSM 反电势波形图

从图 4-8 中可以看出，随着动子逐渐进入 U 型直线电机某相绕组，该相绕组的反电势幅值逐渐增加，当动子与该相绕组完全耦合时，其反电势幅值大小维持恒定，当动子逐渐离开该相绕组时，其反电势的幅值逐渐减小，当动子完全离开该相绕组时，其反电势的幅值变为 0。

第三节　出入端效应对推力的影响规律

在忽略铁芯饱和时，PMLSM 的气隙磁场可以等效为电枢反应磁场和永磁励磁磁场的叠加，当 PMLSM 动子位于 x_0 位置时，电机的气隙磁场可表示为[2-4]

$$B(x_0,x)=B_{x_0\mathrm{m}}+B_{x_0\mathrm{A}}+B_{x_0\mathrm{B}}+B_{x_0\mathrm{C}} \tag{4-17}$$

把电机槽内导体产生的电磁力等效为导体电流均匀分布在槽口位置时所产生的电磁力，假设 A、B、C 三相绕组电流均匀分布于相应槽口中间位置，可以得到 PMLSM 的推力表达式为

$$F(t)=\int_0^s B(x_0,x)[i_\mathrm{A}(t)+i_\mathrm{B}(t)+i_\mathrm{C}(t)]\cdot l\mathrm{d}x \tag{4-18}$$

式中　l——绕组有效长度；

s——电机永磁动子与初级电枢耦合部分的纵向长度；

$i_\mathrm{A}(t)$，$i_\mathrm{B}(t)$，$i_\mathrm{C}(t)$——t 时刻 A、B、C 三相绕组电流。

对于永磁体动子与电枢绕组完全耦合的单元电机，推力基本不变；对于电枢绕组逐渐退出永磁体动子励磁磁场的单元电机来说，式(4-18)中积分上限 s 的值逐渐减小，永磁体动子与定子电枢的耦合面积逐渐减小，从而电磁推力逐渐减小；而对于电枢绕组逐渐进入永磁体动子励磁磁场的单元电机来说，电磁推力逐渐增大。当二者变化速度一致时，合成推力基本不变。

为了精确地分析出入端效应对电磁推力的影响规律，需要经过严格的公式推导与证明。为了简化计算，以整距绕组平板型 PMLSM 为例，考虑动子退出一台定子，同时进入另一台定子所受到合力的变化情况，定子绕组切换如图 4-9 所示。

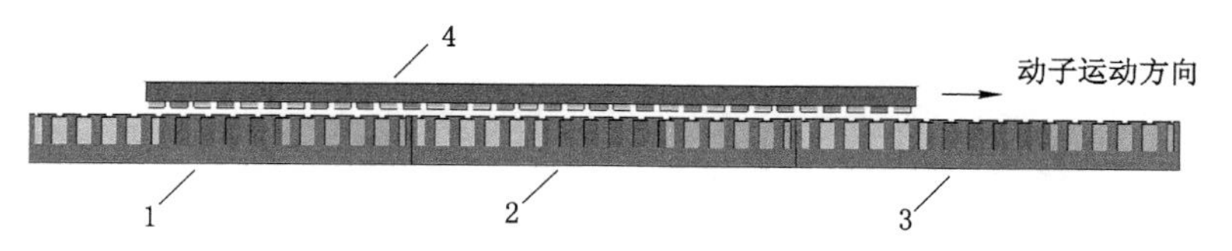

图 4-9　定子绕组切换

1——1# 定子电枢；2——2# 定子电枢；3——3# 定子电枢；4——永磁体动子

假设任意时刻，永磁体动子位置如图 4-10 所示，动子以速度 v 离开 1# 定子同时进入 3# 定子。

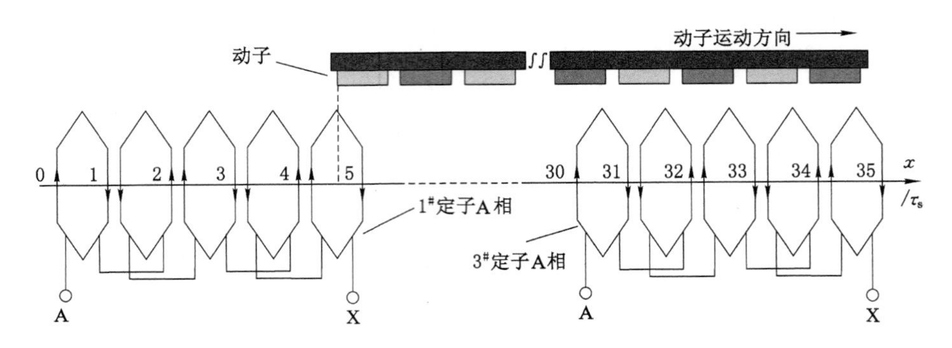

图 4-10　A 相绕组在永磁体动子下的分布图

假设此时的三相电流瞬时值分别为 i_A、i_B、i_C，1# 定子和 3# 定子的感应电动势分别为 e_{A1}、e_{B1}、e_{C1}，e_{A3}、e_{B3}、e_{C3}。1# 定子、3# 定子作用给动子的电磁推力可以用式(4-19)、式(4-20)表示[1-3]：

$$F_{e1}=\frac{1}{v}(e_{A1}i_A+e_{B1}i_B+e_{C1}i_C) \tag{4-19}$$

$$F_{e3}=\frac{1}{v}(e_{A3}i_A+e_{B3}i_B+e_{C3}i_C) \tag{4-20}$$

总的合成推力可以表示为：

$$F_{e\_sum}=\frac{i_A(e_{A1}+e_{A3})+i_B(e_{B1}+e_{B3})+i_C(e_{C1}+e_{C3})}{v} \tag{4-21}$$

以 A 相绕组为例，e_{A1} 和 e_{A3} 的计算公式见式(4-22)、式(4-23)：

$$e_{A1}=e_{A1}^{1}(x_0)-e_{A1}^{2}(x_0)+e_{A1}^{3}(x_0)-e_{A1}^{4}(x_0)+e_{A1}^{5}(x_0) \tag{4-22}$$

$$e_{A3}=e_{A3}^{1}(x_0)-e_{A3}^{2}(x_0)+e_{A3}^{3}(x_0)-e_{A3}^{4}(x_0)+e_{A3}^{5}(x_0) \tag{4-23}$$

其中，上标代表线圈标号，根据公式(4-14)可以计算出 1#、3# 定子中各线圈的感应电势，如式(4-24)、式(4-25)所示：

$$\begin{cases} e_{A1}^{1}(x_0)=0 \\ e_{A1}^{2}(x_0)=0 \\ e_{A1}^{3}(x_0)=0 \\ e_{A1}^{4}(x_0)=0 \\ e_{A1}^{5}(x_0)=N_cB_mlv\sin\left(\dfrac{\pi}{\tau}x_0\right) \end{cases} \tag{4-24}$$

$$
\begin{cases}
e_{A3}^{1}(x_0)=2N_cB_m lv\sin\left(\dfrac{\pi}{\tau}x_0\right)\\
e_{A3}^{2}(x_0)=-2N_cB_m lv\sin\left(\dfrac{\pi}{\tau}x_0\right)\\
e_{A3}^{3}(x_0)=2N_cB_m lv\sin\left(\dfrac{\pi}{\tau}x_0\right)\\
e_{A3}^{4}(x_0)=-2N_cB_m lv\sin\left(\dfrac{\pi}{\tau}x_0\right)\\
e_{A3}^{5}(x_0)=N_cB_m lv\sin\left(\dfrac{\pi}{\tau}x_0\right)
\end{cases}
\tag{4-25}
$$

将式(4-24)、式(4-25)分别代入式(4-22)、式(4-23)中，可以求出 e_{A1} 与 e_{A3} 的和：

$$
e_{A1}+e_{A3}=10N_cB_m lv\sin\left(\frac{\pi}{\tau}x_0\right) \tag{4-26}
$$

根据式(4-22)，也可以求解出 2# 定子 A 相感应出的电动势：

$$
e_{A2}=10N_cB_m lv\sin\left(\frac{\pi}{\tau}x_0\right) \tag{4-27}
$$

式(4-26)与式(4-27)相等。同理可以证明 B、C 相也同样存在上述关系，说明此时刻两台定子(1#、3#)与一台完全耦合的定子对动子的作用效果相同，对动子位于其他部分的分析可依据上述方法进行，所得的结果一致，因此，在不考虑绕组切换时，整个系统可看成一个短动子长定子的 PMLSM，实际系统在运行过程中的实验结果也充分印证了上述分析。

我们对动子通过单台 16P15S U 型 PMLSM 定子电枢绕组时的推力变化进行了有限元仿真。假设单台 SW-PMLSM 定子电枢绕组的长度为 360 mm，永磁体动子的长度为 720 mm，动子的运行速度设定为 1 m/s，电磁推力的有限元仿真结果如图 4-11 所示。

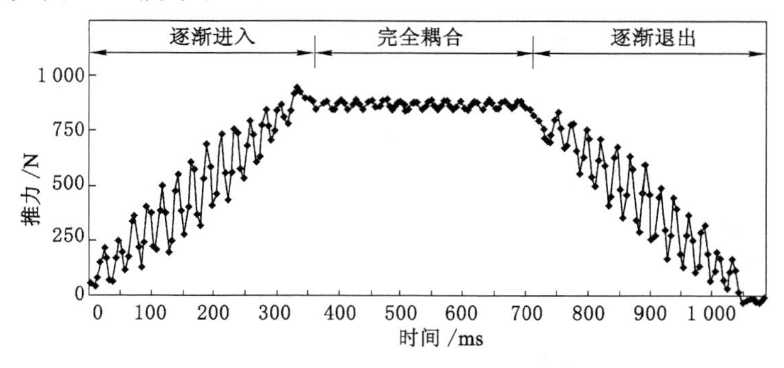

图 4-11　动子经过定子电枢绕组过程中的电磁推力曲线

从图 4-11 中可以看出，定子电枢绕组逐渐进入动子永磁体的励磁磁场时，施加给动子的电磁推力逐渐增加，由于电机的端部效应，电磁推力波动比较大，当动子永磁体与定子电枢绕组完全耦合时，电磁推力基本不变，此时的推力波动是由于齿槽效应引起的。当定子电枢绕组逐渐退出动子永磁体的励磁磁场时，电磁推力逐渐减小。两者的变化速度一致。因此，当一台电机的定子电枢绕组逐渐退出动子永磁体励磁磁场，而另一台电机定子电枢绕组逐渐进入动子永磁体励磁磁场时，动子所受的总推力将基本维持不变[5-7]。要保证 SW-PMLSM 在绕组切换过程中受到的推力均匀变化，必须满足以下条件：永磁体动子的纵向长度应设计成单元定子电枢纵向长度的整数倍。

第四节　绕组分段永磁直线电机整体建模

根据前文分析，SW-PMLSM 定子电枢绕组采用分段供电方法，动子永磁体在移动过程中，动子永磁体励磁磁场与每个单元电机定子电枢绕组之间将存在以下 4 种情况[1-3]：

（1）单元电机定子电枢绕组不在励磁磁场的范围内；

（2）单元电机定子电枢绕组逐渐进入永磁体励磁磁场；

（3）单元电机定子电枢绕组与励磁磁场全部耦合；

（4）单元电机定子电枢绕组从励磁磁场逐渐退出。

对任一段电机定子电枢绕组来说，这 4 种情况交替进行。SW-PMLSM 可以等效为多电机并联运行方式，而电机的电磁参数和永磁体动子位置有关，因此，可以根据动子位置建立 4 种状态的电机数学模型。

以下数学模型的推导基于 ABC 坐标系，通过坐标变换，可以将三相静止 ABC 坐标系下的数学模型转换成两相静止 $\alpha\beta$ 坐标系和两相旋转 dq 坐标系下的数学模型，以实现 PMLSM 的解耦控制（可以参考第三章第四节）。

一、电机定子电枢绕组与永磁体动子完全耦合的数学模型

当单元电机定子绕组与动子励磁磁场处于完全耦合状态时，可以将与动子励磁磁场完全耦合的单元电机定子电枢假设为无限长，其端部效应小，电机自感系数相等，互感系数也相等，类似于普通旋转永磁同步电机。因此，其数学模型可以参考常规旋转 PMSM。

为了简化分析，假设气隙磁场呈正弦分布，不考虑电源引起的电压和电流谐波及磁饱和效应，忽略涡流及磁滞损耗。设定子三相绕组中的电流和端电压的正方向为关联方向，电流与磁链的正方向符号为右手螺旋关系。

电机定子电枢绕组与永磁体动子完全耦合的 PMLSM 在定子 ABC 三相坐标系中的数学模型可以表示如下[3]。

（1）电压方程式

$$\begin{cases} u_A = Ri_A + \dfrac{\mathrm{d}\psi_A}{\mathrm{d}t} \\ u_B = Ri_B + \dfrac{\mathrm{d}\psi_B}{\mathrm{d}t} \\ u_C = Ri_C + \dfrac{\mathrm{d}\psi_C}{\mathrm{d}t} \end{cases} \tag{4-28}$$

式中　u_A, u_B, u_C——定子绕组 A、B、C 相端电压；

i_A, i_B, i_C——定子绕组 A、B、C 相电流；

R——定子绕组相电阻。

（2）磁链方程式

$$\begin{cases} \psi_A = L_{AA} i_A + L_{AB} i_B + L_{AC} i_C + \psi_{mA} \\ \psi_B = L_{BA} i_A + L_{BB} i_B + L_{BC} i_C + \psi_{mB} \\ \psi_C = L_{CA} i_A + L_{CB} i_B + L_{CC} i_C + \psi_{mC} \end{cases} \tag{4-29}$$

其中：

$$\begin{cases} \psi_{mA} = \psi_f \cos(\omega t) \\ \psi_{mB} = \psi_f \cos(\omega t - 2\pi/3) \\ \psi_{mC} = \psi_f \cos(\omega t + 2\pi/3) \end{cases} \tag{4-30}$$

式中　ψ_f——永磁体磁链幅值。

将式(4-29)代入式(4-28)中，写成矩阵形式有：

$$\begin{bmatrix} u_A \\ u_B \\ u_C \end{bmatrix} = \begin{bmatrix} R & 0 & 0 \\ 0 & R & 0 \\ 0 & 0 & R \end{bmatrix} \begin{bmatrix} i_A \\ i_B \\ i_C \end{bmatrix} + p \left\{ \begin{bmatrix} L_{AA} & L_{AB} & L_{AC} \\ L_{BA} & L_{BB} & L_{BC} \\ L_{CA} & L_{CB} & L_{CC} \end{bmatrix} \begin{bmatrix} i_A \\ i_B \\ i_C \end{bmatrix} \right\} + p \begin{bmatrix} \psi_{mA} \\ \psi_{mB} \\ \psi_{mC} \end{bmatrix} \tag{4-31}$$

式中　p——微分算子。

（3）电磁推力方程式

A 相绕组的空载电动势可以表示为

$$e_A = -\frac{\mathrm{d}\psi_{mA}}{\mathrm{d}t} = \omega \psi_f \sin(\omega t) \tag{4-32}$$

根据式(4-30)可以得出 A、B、C 三相绕组的空载电动势

$$\begin{cases} e_A = -\dfrac{d\psi_{mA}}{dt} = \omega\psi_f \sin(\omega t) \\ e_B = -\dfrac{d\psi_{mB}}{dt} = \omega\psi_f \sin(\omega t - 2\pi/3) \\ e_C = -\dfrac{d\psi_{mC}}{dt} = \omega\psi_f \sin(\omega t + 2\pi/3) \end{cases} \tag{4-33}$$

PMLSM 的电磁功率可以表示为：

$$P_e = e_A i_A + e_B i_B + e_C i_C \tag{4-34}$$

PMLSM 的电磁推力为：

$$\begin{aligned} F_e &= \frac{P_e}{v} = \frac{1}{v}(e_A i_A + e_B i_B + e_C i_C) \\ &= \frac{\pi}{\tau}\psi_f [i_A \sin(\omega t) + i_B \sin(\omega t - 2\pi/3) + i_C \sin(\omega t + 2\pi/3)] \end{aligned} \tag{4-35}$$

二、电机定子电枢绕组不在励磁磁场范围内的数学模型

在永磁体动子移动过程中，动子将逐渐离开一台电机定子电枢，当永磁体动子完全离开该定子时，该电机定子电枢绕组不在励磁磁场范围内。状况也出现在即将投入运行的电机定子不在动子励磁磁场范围内，分析方法相同。当定子电枢绕组不在励磁磁场范围内时，电机的等效气隙长度最大，磁阻 R_m 最大，磁导最小，相绕组的电感最小，并且由于端部效应，自感、互感不对称。

电机定子电枢绕组不在励磁磁场范围内的 PMLSM 在定子 ABC 相坐标系中的数学模型可以表示为：

(1) 电压方程式

$$\begin{cases} u_A = r_s i_A + \dfrac{d\psi_A}{dt} \\ u_B = r_s i_B + \dfrac{d\psi_B}{dt} \\ u_C = r_s i_C + \dfrac{d\psi_C}{dt} \end{cases} \tag{4-36}$$

(2) 链方程式

$$\begin{cases} \psi_A = L_{AA} i_A + L_{AB} i_B + L_{AC} i_C + \psi_{mA} \\ \psi_B = L_{BA} i_A + L_{BB} i_B + L_{BC} i_C + \psi_{mB} \\ \psi_C = L_{CA} i_A + L_{CB} i_B + L_{CC} i_C + \psi_{mC} \end{cases} \tag{4-37}$$

由于电机定子电枢绕组不在励磁磁场范围内，所以永磁磁链 ψ_{mA}、ψ_{mB}、ψ_{mC} 为 0；磁链方程可以写为：

$$\begin{cases}\psi_A = L_{AA}i_A + L_{AB}i_B + L_{AC}i_C \\ \psi_B = L_{BA}i_A + L_{BB}i_B + L_{BC}i_C \\ \psi_C = L_{CA}i_A + L_{CB}i_B + L_{CC}i_C\end{cases} \tag{4-38}$$

将方程(4-38)带入式(4-36)中并写成矩阵形式：

$$\begin{bmatrix}u_A\\u_B\\u_C\end{bmatrix} = \begin{bmatrix}r_s & 0 & 0\\0 & r_s & 0\\0 & 0 & r_s\end{bmatrix}\begin{bmatrix}i_A\\i_B\\i_C\end{bmatrix} + p\left\{\begin{bmatrix}L_{AA} & L_{AB} & L_{AC}\\L_{BA} & L_{BB} & L_{BC}\\L_{CA} & L_{CB} & L_{CC}\end{bmatrix}\begin{bmatrix}i_A\\i_B\\i_C\end{bmatrix}\right\} \tag{4-39}$$

(3) 电磁推力方程式

A 相绕组的空载电动势可以表示为：

$$e_A = -\frac{d\psi_{mA}}{dt} = 0 \tag{4-40}$$

同理可以得出 B、C 相绕组的空载电动势，三相空载电动势可以表示为：

$$\begin{cases}e_A = -\dfrac{d\psi_{mA}}{dt} = 0 \\ e_B = -\dfrac{d\psi_{mB}}{dt} = 0 \\ e_C = -\dfrac{d\psi_{mC}}{dt} = 0\end{cases} \tag{4-41}$$

电磁功率为：

$$P_e = e_A i_A + e_B i_B + e_C i_C = 0 \tag{4-42}$$

电磁推力为：

$$F_e = \frac{P_e}{v} = 0 \tag{4-43}$$

三、电机定子电枢绕组逐渐进入和退出励磁磁场的数学模型

动子永磁体逐渐进入单元电机定子绕组时，动子永磁体与定子之间耦合的部分越来越大，电机的等效气隙长度越来越小，磁阻 R_m 减小，磁导 Λ 增大，相绕组的自感逐渐增加，当定子电枢绕组完全进入励磁磁场时，自感达到最大值。随着更多的元件边逐渐进入动子永磁体的励磁磁场，每一相感应电势的有效值也逐渐增加，当定子与动子永磁体完全耦合时，定子所有的元件边均在动子永磁体励磁磁场中，相电势的有效值保持不变。动子永磁体逐渐退出单元电机定子绕组的情况与逐渐进入励磁磁场的情况相反。每台单元电机的自感、互感和励磁磁链均是永磁体动子位置 x_0 的函数。

电机定子电枢绕组逐渐进入和退出励磁磁场的 PMLSM 在定子 ABC 相坐标系中的数学模型可以表示为[3]：

(1) 电压方程式

$$\begin{cases} u_A = r_s i_A + \dfrac{d\psi_A}{dt} \\ u_B = r_s i_B + \dfrac{d\psi_B}{dt} \\ u_C = r_s i_C + \dfrac{d\psi_C}{dt} \end{cases} \tag{4-44}$$

(2) 磁链方程式

$$\begin{cases} \psi_A = L_{AA}(x_0) i_A + L_{AB}(x_0) i_B + L_{AC}(x_0) i_C + \psi_{mA}(x_0) \\ \psi_B = L_{BA}(x_0) i_A + L_{BB}(x_0) i_B + L_{BC}(x_0) i_C + \psi_{mB}(x_0) \\ \psi_C = L_{CA}(x_0) i_A + L_{CB}(x_0) i_B + L_{CC}(x_0) i_C + \psi_{mC}(x_0) \end{cases} \tag{4-45}$$

将式(4-45)代入式(4-44)中并写成矩阵形式：

$$\begin{aligned} \begin{bmatrix} u_A \\ u_B \\ u_C \end{bmatrix} &= \begin{bmatrix} r_s & 0 & 0 \\ 0 & r_s & 0 \\ 0 & 0 & r_s \end{bmatrix} \begin{bmatrix} i_A \\ i_B \\ i_C \end{bmatrix} + p\left\{ \begin{bmatrix} L_{AA}(x_0) & L_{AB}(x_0) & L_{AC}(x_0) \\ L_{BA}(x_0) & L_{BB}(x_0) & L_{BC}(x_0) \\ L_{CA}(x_0) & L_{CB}(x_0) & L_{CC}(x_0) \end{bmatrix} \begin{bmatrix} i_A \\ i_B \\ i_C \end{bmatrix} \right\} + p \begin{bmatrix} \psi_{mA}(x_0) \\ \psi_{mB}(x_0) \\ \psi_{mC}(x_0) \end{bmatrix} \\ &= \begin{bmatrix} r_s & 0 & 0 \\ 0 & r_s & 0 \\ 0 & 0 & r_s \end{bmatrix} \begin{bmatrix} i_A \\ i_B \\ i_C \end{bmatrix} + p \begin{bmatrix} L_{AA}(x_0) & L_{AB}(x_0) & L_{AC}(x_0) \\ L_{BA}(x_0) & L_{BB}(x_0) & L_{BC}(x_0) \\ L_{CA}(x_0) & L_{CB}(x_0) & L_{CC}(x_0) \end{bmatrix} \begin{bmatrix} i_A \\ i_B \\ i_C \end{bmatrix} + \\ &\quad \begin{bmatrix} L_{AA}(x_0) & L_{AB}(x_0) & L_{AC}(x_0) \\ L_{BA}(x_0) & L_{BB}(x_0) & L_{BC}(x_0) \\ L_{CA}(x_0) & L_{CB}(x_0) & L_{CC}(x_0) \end{bmatrix} \begin{bmatrix} p i_A \\ p i_B \\ p i_C \end{bmatrix} + p \begin{bmatrix} \psi_{mA}(x_0) \\ \psi_{mB}(x_0) \\ \psi_{mC}(x_0) \end{bmatrix} \end{aligned} \tag{4-46}$$

由于电感系数、永磁磁链均是动子位置 x_0 的函数。因此，永磁磁链随时间的变化率可以表示为：

$$p\psi_{mA}(t) = \frac{d\psi_{mA}}{dx_0} \cdot \frac{dx_0}{dt} = v \cdot \frac{d\psi_{mA}}{dx_0} = v \cdot p_x \psi_{mA} \tag{4-47}$$

式中　p_x——对动子位置 x_0 的微分算子。

$p\psi_{mB}(t)$、$p\psi_{mC}(t)$求解过程类似于 $p\psi_{mA}(t)$。

动子运动速度可以表示为：

$$v = \frac{dx_0}{dt} \tag{4-48}$$

电感随时间的变化率可以表示为：

$$pL(x_0) = \frac{dL(x_0)}{dx_0} \cdot \frac{dx_0}{dt} = v \cdot \frac{dL(x_0)}{dx_0} = v \cdot p_x L(x_0) \tag{4-49}$$

式中　$L(x_0)$——电感矩阵。

因此，电机定子电枢绕组逐渐进入和退出励磁磁场时的三相电压方程式可以表示为：

$$\begin{bmatrix}u_A\\u_B\\u_C\end{bmatrix}=\begin{bmatrix}r_s&0&0\\0&r_s&0\\0&0&r_s\end{bmatrix}\begin{bmatrix}i_A\\i_B\\i_C\end{bmatrix}+v\cdot p_x\begin{bmatrix}L_{AA}(x_0)&L_{AB}(x_0)&L_{AC}(x_0)\\L_{BA}(x_0)&L_{BB}(x_0)&L_{BC}(x_0)\\L_{CA}(x_0)&L_{CB}(x_0)&L_{CC}(x_0)\end{bmatrix}\begin{bmatrix}i_A\\i_B\\i_C\end{bmatrix}+$$

$$\begin{bmatrix}L_{AA}(x_0)&L_{AB}(x_0)&L_{AC}(x_0)\\L_{BA}(x_0)&L_{BB}(x_0)&L_{BC}(x_0)\\L_{CA}(x_0)&L_{CB}(x_0)&L_{CC}(x_0)\end{bmatrix}\begin{bmatrix}pi_A\\pi_B\\pi_C\end{bmatrix}+v\cdot\begin{bmatrix}p_x\psi_{mA}(x_0)\\p_x\psi_{mB}(x_0)\\p_x\psi_{mC}(x_0)\end{bmatrix}\tag{4-50}$$

自感、互感和励磁磁链随着永磁体动子位置的变化而变化，但是这些关系很难用数学表达式准确的表示出来。当永磁体动子进入和退出定子电枢绕组阶段，电感和反电势的有效值近似按线性变化，因此可以采用解析法或有限元仿真法求解永磁体动子在不同位置时电机的磁场，进而求解出自感、互感和励磁磁链的离散值，通过查表法来进行处理。在建模过程中，动子位置和动子运行速度是两个非常关键的物理量。

由于永磁直线同步电机气隙较大，PMLSM 电枢三相绕组的励磁磁链与永磁体动子位置 x_0 之间的关系近似正弦函数，当动子位于 x_0 位置时，A 相绕组励磁磁链（基波分量）可表示为[3,5-6]

$$\psi_{mA}=\psi_{mf}(x_0)\cdot\cos(\pi x_0/\tau)\tag{4-51}$$

式中　$\psi_m(x_0)$——励磁磁链幅值。

在定子电枢绕组进入和退出永磁体动子励磁磁场过程中，励磁磁链幅值随动子位置而变化。

A 相绕组的空载电动势可表示为：

$$\begin{aligned}e_A&=-\frac{d\psi_{mA}}{dt}=-\frac{d\psi_{mA}}{dx_0}\cdot\frac{dx_0}{dt}=-\psi_{mf}(x_0)\cdot\left[-\frac{\pi}{\tau}\cdot\sin\left(\frac{\pi}{\tau}x_0\right)\right]\cdot\frac{dx_0}{dt}\\&=\psi_m(x_0)\cdot\frac{\pi}{\tau}\cdot v\cdot\sin\left(\frac{\pi}{\tau}x_0\right)\end{aligned}\tag{4-52}$$

根据 16P15S PMLSM 绕组分布，可得出 B、C 两相绕组的空载电动势：

$$e_B=\psi_{mf}\left(x_0-\frac{32\tau}{3}\right)\cdot\frac{\pi}{\tau}\cdot v\cdot\sin\left[\frac{\pi}{\tau}\left(x_0-\frac{32\tau}{3}\right)\right]\tag{4-53}$$

$$e_C=\psi_{mf}\left(x_0-\frac{16\tau}{3}\right)\cdot\frac{\pi}{\tau}\cdot v\cdot\sin\left[\frac{\pi}{\tau}\cdot\left(x_0-\frac{16\tau}{3}\right)\right]\tag{4-54}$$

电磁推力为

$$F_e=\frac{1}{v}(e_Ai_A+e_Bi_B+e_Ci_C)\tag{4-55}$$

将式(4-52)至式(4-54)代入式(4-55)即可计算定子电枢绕组逐渐进入和退出励磁磁场时的电磁推力。

四、SW-PMLSM 直驱电梯机械运动方程式

本书研究的 SW-PMLSM 直驱电梯的动子长度等于 4 台单元 PMLSM 定子电枢长度。在电机运行过程中无绕组切换时，任意时刻有 5 台定子电枢处于供电状态，其中 3 台电机的定子绕组与动子永磁体完全耦合，一台电机的定子绕组逐渐进入永磁体励磁磁场，另一台电机的定子绕组从励磁磁场逐渐退出永磁体励磁磁场。当一台定子完全退出动子励磁磁场时，需要切除该段定子，同时投入即将进入耦合的定子。由于切除及投入不能完全同步，所以采用先切除后投入的方法，切除定子绕组后只有 4 台电机定子处于供电状态，切换定子绕组过程中会产生切换扰动。

对于 5 台定子电枢处于供电状态的 SW-PMLSM 直驱电梯系统，忽略磁阻力，总的电磁推力可以表示为：

$$\sum F_{e}(x_0)=\sum_{k=1}^{5} F_{ek}(x_0) \tag{4-56}$$

因此，SW-PMLSM 直驱电梯运动方程式可表示为[154]：

$$\begin{aligned} m\frac{\mathrm{d}^2 x_0}{\mathrm{d}t^2} &= \sum F_{e}(x_0)-F_{l}\pm F_{r} \\ &= \sum F_{e}(x_0)-mg\pm B_{m}v \end{aligned} \tag{4-57}$$

式中 F_l——电机负载阻力；

m——动子及负载重量；

F_r——导向轮的摩擦力，提升时 F_r 为负，下降时 F_r 为正；

B_m——滚动摩擦阻尼系数。

本章参考文献

[1] 付子义，焦留成，夏永明. 直线同步电动机驱动垂直运输系统出入端效应分析[J]. 煤炭学报，2004(02)：243-245.

[2] 上官璇峰，励庆孚，袁世鹰. 多段初级永磁直线同步电动机驱动系统整体建模和仿真[J]. 电工技术学报，2006(03)：52-57.

[3] 张宏伟. 绕组分段永磁直线同步电机提升系统稳定运行控制[D]. 焦作：河南理工大学，2014.

[4] KRISHNAN R. Permanent magnet synchronous and brushless DC motor drives[M]. Boca Raton，FL，USA：CRC press，2009.

[5] 洪俊杰. 绕组分段永磁直线同步电机电流预测控制的研究[D]. 哈尔滨：哈尔

滨工业大学,2010.

[6] 上官璇峰,励庆孚,袁世鹰,等.不连续定子永磁直线同步电动机运行过程分析[J].西安交通大学学报,2004,38(12):1292-1295.

[7] SHANGGUAN XUANFENG, LI QINGFU, YUAN SHIYING. Analysis on characteristics of permanent magnet linear synchronous machines with large armature resistances and small reactances[C]. Proceedings of the Eighth International Conference on Electrical Machines and Systems, 2005:434-437.

第五章　PMLSM 直接推力控制建模与仿真

第一节　概　　述

永磁直线同步电机的控制方式的研究已成为热点。其中直接推力控制(Direct Thrust Force Control,DTFC)变频调速,是近十几年继矢量控制之后发展起来的一种新型的具有高性能的交流调频技术。很多学者都致力于此课题的研究[1-5]。

直接推力控制与矢量控制的区别是它不是通过控制电流、磁链等变量间接控制电磁推力,而是把推力直接作为被控量控制,其实质是用空间矢量的分析方法,以定子磁场定向方式,对定子磁链和电磁推力进行直接控制。这种方法是在定子坐标系上计算磁链幅值和推力大小,通过磁链和推力的直接观测来实现PWM 控制和系统的高动态性能。此系统结构简单,在很大程度上克服了矢量控制中由于坐标变换引起的计算量大、控制结构复杂、系统性能受电机参数影响较大等缺点,系统的动静态性能指标都十分优越,是一种很有发展前途的交流调速方案。

PMLSM 直接推力控制不需要复杂的变换与计算,直接控制电动机的电磁推力,控制结构简单,鲁棒性好。因此,直接推力控制技术以新颖的控制思想,简洁明了的系统结构,优良的静、动态性能等特点受到了普遍关注并得到迅速发展,已成为一个研究热点[1-5]。

近些年直接推力控制不断得到完善和发展,许多文章从不同角度提出新的见解和方法,特别是随着各种智能控制理论的引入,涌现了许多基于模糊控制和人工神经网络的 DTFC 系统,控制性能得到不断改善和提高。

第二节　直接推力控制研究现状

针对直接推力控制系统的主要缺点,现在直接推力控制相对于早期的直接推力控制有很大的改进,主要从磁链和滞环、速度传感器、电压矢量选择、改善低速性能几个方面进行研究。

一、电力电子器件及 DSP 技术

随着电力电子器件继续向大功率化、高频化、模块化和智能化方向发展，开发的智能功率模块（IPM）将 IGBT 作为功率开关，具有驱动电路及过载、短路、超温、欠电压等保护功能，具有体积小、重量轻、可靠性高和使用维护方便等优点。因此 IPM 变频器电路更简化，功能更齐全，也实现了高可靠性和小型、轻量化，正在获得推广应用[6-7]。

近年来，DSP 技术的成熟在很大程度上推动了直接推力控制的发展，推出了一些适合电机控制的专业芯片，运行速度快，适合实现复杂的控制算法，易于实现电机的实时控制[8]。电力电子器件及 DSP 技术的发展促进了直接推力控制系统的应用。

二、推力、磁链调节器

传统直接推力控制一般对推力和磁链采用单滞环控制，根据各滞环输出的结果来确定电压矢量。因为不同的电压矢量在不同的瞬间对推力和定子磁链的调节作用各不相同，所以只有根据当前推力和磁链实时偏差合理地选择电压矢量，才有可能使推力和磁链的调节过程达到比较理想的状态。

显然，推力、磁链的偏差区分得越细，电压矢量的选择就越精确，控制性能也就越能得到改善。另外有些学者对磁链和推力滞环进行优化调节，实时计算出最适合的磁链和推力滞环宽度。采用这些新型的推力、磁链调节器的 DTFC 系统，不仅改善了动静态性能，还有效减小了推力和磁链的脉动[9-10]。

三、无速度传感器及初始位置估计

在实际应用中，安装速度传感器既增加了系统成本，又降低了系统可靠性。因此取消机械传感器的研究便成了交流传动中的一个热门方向，并取得了一些新成果。对转子速度估计的方法很多，比较常见的有磁链位置估计法、卡尔曼滤波器位置估计法、状态观测器位置估计法、模型参考自适应法和检测电机相电感变化法等[12-13]。

另外要实现无速度传感器的直接推力控制，要对动子初始位置进行正确的检测与估计，这也是 DTFC 研究的一个热点问题[14]。如果动子的初始位置得不到精确的检测，将导致电机的电磁推力减小，也会造成不稳定的运行，在电机启动的时候可能向着反向运行，甚至发生失控。因此是否能够精确测量动子初始位置，对于电机的启动以及实现无机械传感器运行，有着决定性的意义。

四、空间电压矢量调制技术

直接推力控制通过定子磁场定向，直接对推力进行控制，省去了复杂的解耦过程，使得系统结构简单、控制方便。该方式在每个采样周期所选用的电压矢量，总是保证推力最快地向着正确的方向变化。很显然，用这种方法选择电压矢量，虽然在控制周期开始时刻的控制效果最佳，但是在整个采样周期内的效果却未必最好。为了改善这种情况，减小推力脉动，针对 DTFC 一个控制周期只能发出单一电压矢量，空间电压矢量调制技术（SVM）的引入在很大程度上克服了这一缺点，由于 SVM 方式不仅可以提高系统稳态性能，同时也使逆变器的开关频率变为近似恒定，因此被认为是改善 DTFC 稳态性能的一种很有前途的方法[15,16]。

空间矢量调制利用电压型逆变器六个工作电压中与之相邻的两个电压矢量来合成。采用该类型的直接推力控制系统，虽然预期电压的计算和合成比较复杂，又要考虑磁链暂态和推力暂态，使采样周期有所增加，但是通过电压合成，每个周期内一般有两个相邻的基本电压矢量和零电压矢量以最佳的时间搭配交替作用，从而相当于将采样频率增到了两倍或两倍以上，使控制更加准确，性能在整个采样周期内趋向最佳。

五、定子磁链观测器

传统的直接推力控制系统中定子磁链一般采用 u-i 模型计算，在低速时受定子电阻变化影响较大。因此如何准确地检测定子电阻的实时变化一直是改善系统低速性能的重要问题。近年来人们设计了多种定子电阻观测器来解决这个问题。有些文献提到了基于模糊控制的定子电阻在线观测器。该观测器以对定子电阻值影响比较大的因素定子电流、转速和运动时间作为输入量，以定子阻值的变化作为输出，设计了模糊观测器。定子电阻初值与变化值相加就是控制中的定子电阻。这种观测方法能比较准确地观测电阻的变化，低速性能有了比较好的改善[15-18]。

另外，有些学者提出了用神经网络来设计定子电阻观测器，实验结果也证明是可行的，但具体的网络结构还有待研究和完善[17]。Lixin Tang 和 Rahman M. F 在分析了定子电流与定子电阻之前的关系基础上提出利用定子电流 PI 调节器调节定子电阻变化，实验效果良好[18]。

以上方法都是针对直接推力控制系统某一方面，虽然系统的性能有一定的改进，但不能从根本上改善系统的整体性能，要使系统性能有一个根本的改善必须从整个系统着手。近年来，许多新的控制思想，特别是智能控制思想开始应用到直接推力控制中，提出了基于模糊控制、神经网络控制、滑模变结构控制等新型直接推力控制方法。为了进一步提高控制性能，消除脉动，交流调速向高频化方向发展，其中 SVPWM 和软关断技术又是其中的重点。与智能控制相结合，将使交流调速系统的性能有一个根本的提高，是直接推力控制的发展趋势。

第三节　永磁直线同步电机直接推力控制原理

根据第四章第三节分析可知，在 dq 坐标系下，PMLSM 电压磁链方程为

$$\begin{cases} u_d = Ri_d + p\psi_d - \omega_e \psi_q \\ u_q = Ri_q + p\psi_q + \omega_e \psi_d \\ \psi_d = L_d i_d + \psi_f \\ \psi_q = L_q i_q \end{cases} \tag{5-1}$$

式中　u_d, u_q——初级绕组 d, q 轴电压；

i_d, i_q——绕组 d, q 轴电枢电流；

ψ_d, ψ_q——组 d, q 轴磁链；

R——电枢电阻；

L_d, L_q——d, q 轴电感；

ω_e——PMLSM 运行时的角速度（同步磁场旋转角速度）；

ψ_f——次级永磁体磁链；

p——微分算子。

对于极对数为 n_p 的 PMLSM，其电磁推力为[19]，

$$F_e = \frac{3}{2} n_p \frac{\pi}{\tau} [\psi_f i_q + (L_d - L_q) i_d i_q] \tag{5-2}$$

对于隐极式（表贴式）PMLSM，$L_d = L_q = L_s$，式（5-2）可以表示为：

$$F_e = \frac{3n_p}{2} \frac{\pi}{\tau} \psi_f i_q \tag{5-3}$$

动子的机械运动方程为，

$$M \frac{\mathrm{d}v}{\mathrm{d}t} = F_e - F_l - Bv \tag{5-4}$$

式中　M——运动部分的质量；

F_e——电磁推力；

F_l——外部扰动；

B——黏性摩擦系数。

以上公式为矢量控制模型。

三相 PMLSM 各矢量关系如图 5-1 所示，定义定子磁链 ψ_s 与动子永磁体磁链 ψ_f 之间的夹角为 δ，称该角为推力角（负载角）。

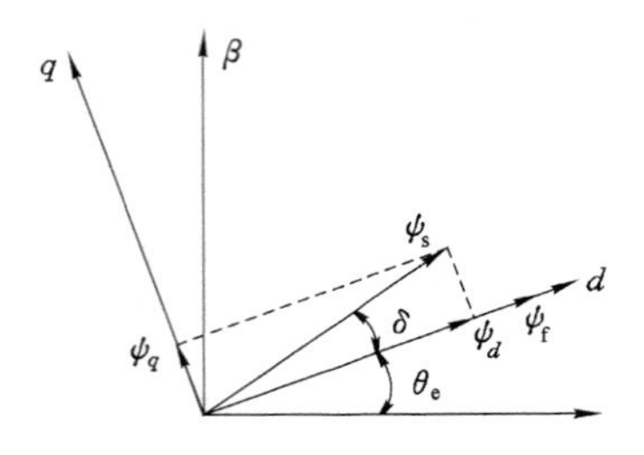

图 5-1　三相 PMLSM 各矢量关系

根据图 5-1 所示的关系图，可以求出定子磁链 ψ_s（初级绕组磁链）在 dq 坐标系上的投影为

$$\begin{cases}\psi_d=|\psi_s|\cos\delta\\ \psi_q=|\psi_s|\sin\delta\end{cases}\tag{5-5}$$

根据式(5-5)和式(5-1)，可以计算出 dq 坐标系下的定子电流方程为

$$\begin{cases}i_d=\dfrac{\psi_d-\psi_f}{L_d}=\dfrac{|\psi_s|\cos\delta-\psi_f}{L_d}\\ i_q=\dfrac{\psi_q}{L_q}=\dfrac{|\psi_s|\sin\delta}{L_q}\end{cases}\tag{5-6}$$

将式(5-6)代入式(5-2)可以得出

$$\begin{aligned}F_e&=\frac{3p_n}{2}\frac{\pi}{\tau}\frac{1}{L_q}|\psi_s|\psi_f\sin\delta+\frac{3p_n}{2}\frac{\pi}{\tau}\frac{L_d-L_q}{L_dL_q}\left[\frac{1}{2}|\psi_s|^2\sin 2\delta-|\psi_s|\psi_f\sin\delta\right]\\&=\frac{3p_n}{2}\frac{\pi}{\tau}\frac{1}{L_q}|\psi_s|\psi_f\sin\delta+\frac{3p_n}{4}\frac{\pi}{\tau}\frac{L_d-L_q}{L_dL_q}|\psi_s|^2\sin 2\delta-\\&\quad\frac{3p_n}{2}\frac{\pi}{\tau}\frac{L_d-L_q}{L_dL_q}|\psi_s|\psi_f\sin\delta\\&=\frac{3p_n}{2}\frac{\pi}{\tau}\frac{1}{L_d}|\psi_s|\psi_f\sin\delta+\frac{3p_n}{4}\frac{\pi}{\tau}\frac{L_d-L_q}{L_dL_q}|\psi_s|^2\sin 2\delta\end{aligned}\tag{5-7}$$

式(5-7)分为两部分，一部分为电磁推力，由电机的定子和动子之间的电磁场相互作用产生；另一部分为磁阻力，由电机的凸极结构产生的。

对于隐极式 PMLSM，$L_d=L_q=L_s$，此时式(5-7)可以表示为

$$F_e=\frac{3p_n}{2}\frac{\pi}{\tau}\frac{1}{L_s}|\psi_s|\psi_f\sin\delta\tag{5-8}$$

由式(5-8)可知，只要保证定子磁链 ψ_s 为恒定值，可以通过改变负载角 δ 控制 PMLSM 的电磁推力，这就是直接推力控制的基本原理。

第四节　电压矢量对电磁推力的作用

静止 ABC 坐标系下定子磁链可以表示为[20,21]

$$\psi_s = \int (u_s - R_s i_s)\,dt \tag{5-9}$$

在忽略定子电阻压降的情况下，定子磁链的增量可以近似表示为

$$\Delta\psi_s = u_s \Delta t \tag{5-10}$$

即在 u_s 作用的很短时间内，定子磁链 ψ_s 的增量 $\Delta\psi_s$ 等于 u_s 与 Δt 的乘积，$\Delta\psi_s$ 的运动方向与 u_s 的方向基本一致，ψ_s 磁链的变化速率近似等于 $|u_s|$。假设 ψ_s 可以表示为

$$\psi_s = |\psi_s| e^{j\theta_s} \tag{5-11}$$

式中，θ_s 为定子位置磁链角(定子磁链与 A 轴的夹角)，$\theta_s = \int \omega_s dt$；$\omega_s$ 是 ψ_s 的同步旋转速度。如果忽略定子电阻的影响，把式(5-11) 代入式(5-9)，可以得到

$$u_s = \frac{d|\psi_s|}{dt} e^{j\theta_s} + j\omega_s |\psi_s| = u_{s1} + u_{s2} \tag{5-12}$$

其中，第一项电压矢量 u_{s1} 的方向与 ψ_s 相同或相反，其作用仅改变了磁链 ψ_s 的幅值而不改变相位；第二项 u_{s2} 的方向与 ψ_s 垂直，其作用仅磁链 ψ_s 的相位而不改变幅值。可见，u_{s2} 控制磁链的旋转速度 ω_e，从而达到控制电磁推力的目的，这也是直接推力控制具有快速性的原因之一。

图 5-2 为定子电压矢量作用与磁链矢量轨迹变化。

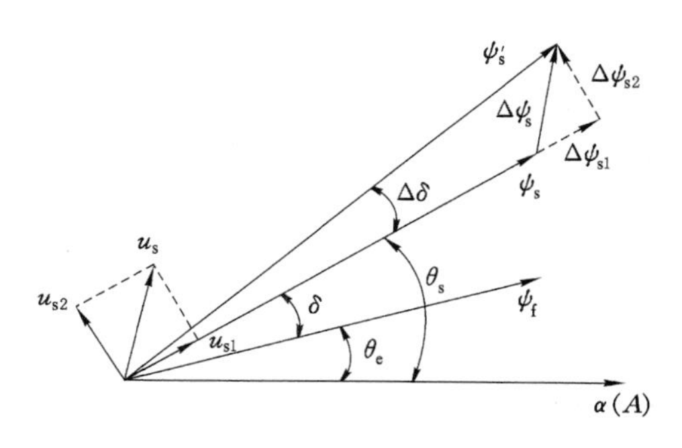

图 5-2　定子电压矢量作用与磁链矢量轨迹变化

对 PMLSM 施加任何一个电压矢量都会同时对定子磁链的幅值 $|\psi_s|$ 和负载角 δ 产生作用，从而使两者产生相应的增、减变化。传统 PMLSM 直接推力控制系统电压矢量以及定子磁链扇区如图 5-3 所示，扇区是以 α 轴为一扇区的中

心，沿逆时针方向顺序等分的，开关见表 5-1。

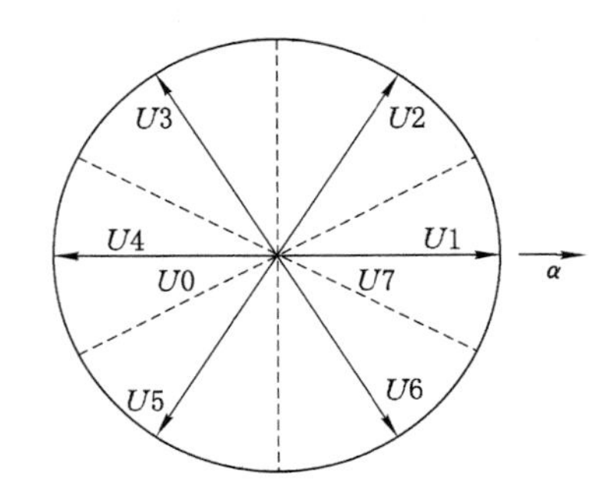

图 5-3　直接推力控制系统电压矢量及定子磁链扇区

表 5-1　　直接推力控制传统开关

yF	yT	θ_1	θ_2	θ_3	θ_4	θ_5	θ_6
1	1	$U2$	$U3$	$U4$	$U5$	$U6$	$U1$
	0	$U6$	$U1$	$U2$	$U3$	$U4$	$U5$
0	1	$U3$	$U4$	$U5$	$U6$	$U1$	$U2$
	0	$U5$	$U6$	$U1$	$U2$	$U3$	$U4$

表 5-1 中，$\theta_1 \sim \theta_6$ 表示定子磁链所在的扇区。yF 和 yT 分别为磁链和推力控制器的输出。$yF=1$ 时表示需要增加磁链，$yF=0$ 时表示需要减小磁链。$yT=1$时表示要增加推力，$yT=0$ 表示要减小推力。

第五节　永磁直线同步电动机仿真建模

PMLSM 仿真模型如图 5-4 所示。

PMLSM 仿真模型如图 5-5 所示，由 Connection 子模块和 PMLSM 子模块构成。

Connection 子模块完成线电压的计算，公式如下

$$\begin{cases} u_{ab}=u_a-u_b \\ u_{bc}=u_b-u_c \end{cases} \tag{5-13}$$

根据式(5-13)，可以搭建线电压计算子模块，仿真模型如图 5-6 所示。

PMLSM 子模块的仿真模型如图 5-7 所示。

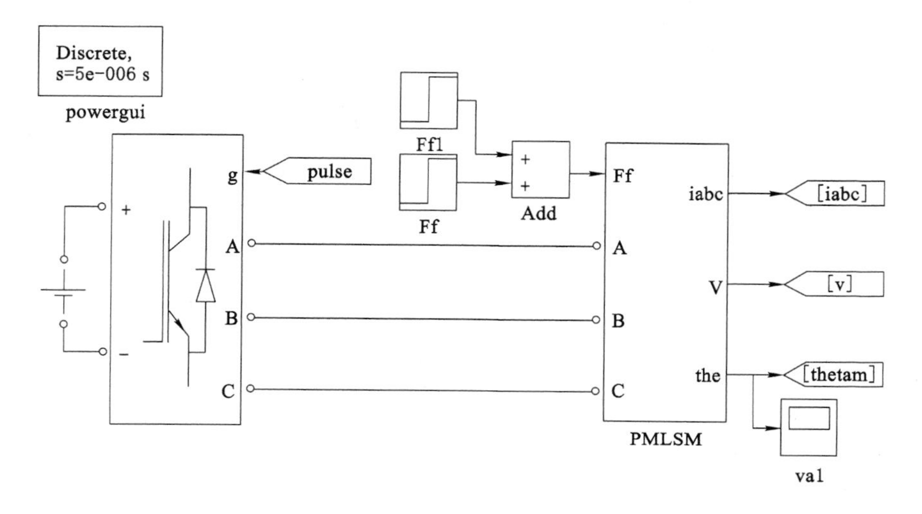

图 5-4　PMLSM 仿真模型(一)

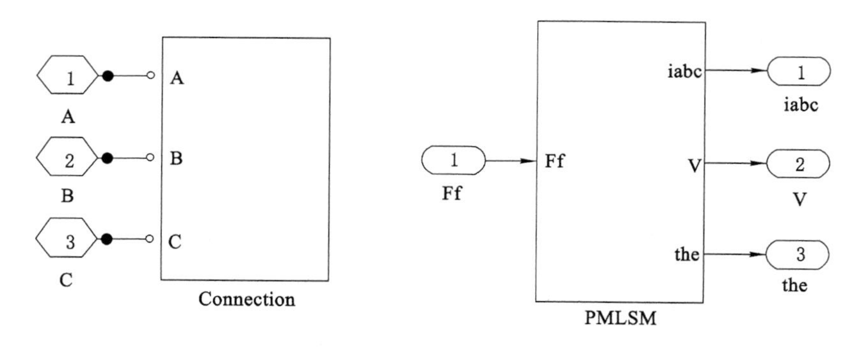

图 5-5　PMLSM 仿真模型(二)

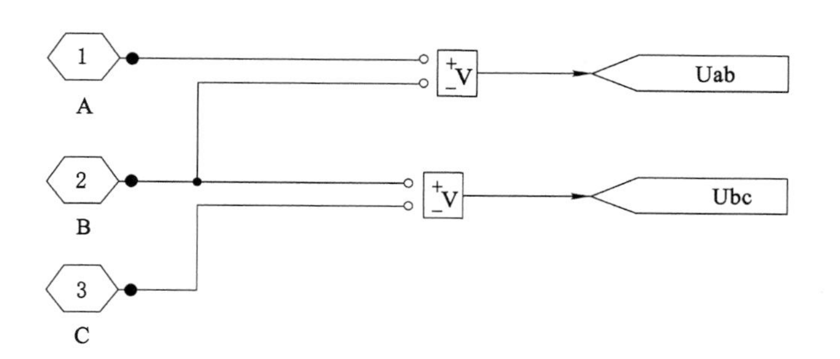

图 5-6　线电压计算模块仿真模型

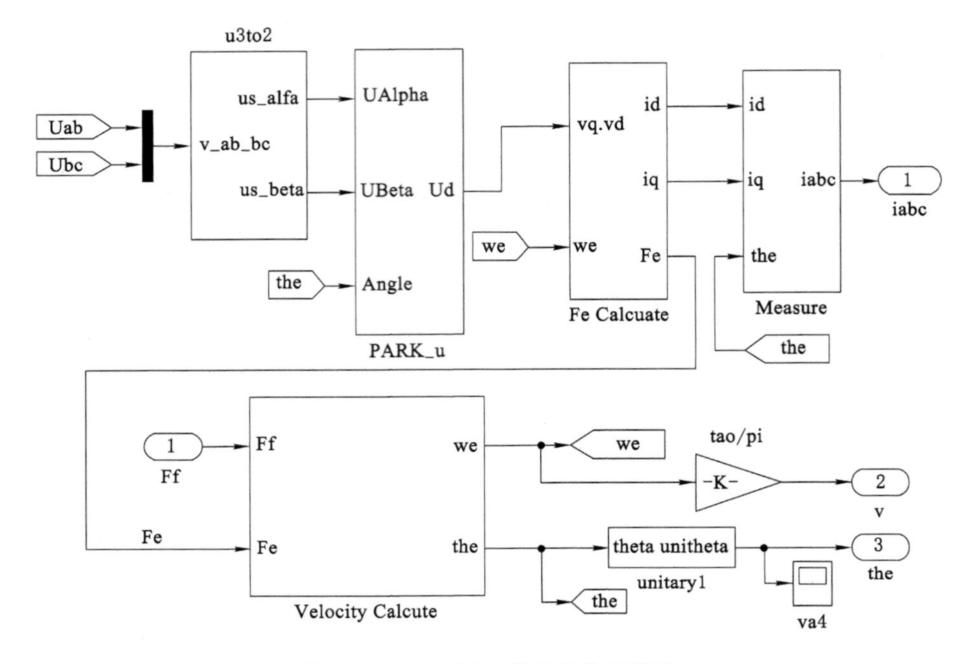

图 5-7　PMLSM 子模块的仿真模型

下面详细说明图 5-7 PMLSM 仿真模型的实现方法。

(1) $ABC/\alpha\beta$ 坐标系变换

u3to2 模块实现 ABC 三相静止坐标系到 $\alpha\beta$ 两相静止坐标系变换，变换公式如下：

$$\begin{cases} u_\alpha = \dfrac{1}{3}[2u_{ab} + u_{bc}] \\ u_\beta = \dfrac{1}{3}\ [\sqrt{3}\,u_{bc}] \end{cases} \tag{5-14}$$

根据式(5-14)，建立 ABC 三相静止坐标系到 $\alpha\beta$ 两相静止坐标系变换矩阵如图 5-8 所示。

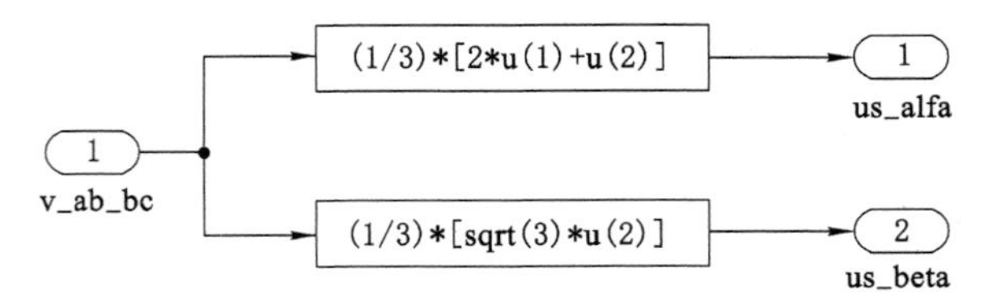

图 5-8　$ABC/\alpha\beta$ 坐标系变换矩阵

(2) $\alpha\beta/dq$ 坐标变换

根据第三章分析，$\alpha\beta$ 两相静止坐标系到 dq 两相旋转坐标系变换矩阵如下，

$$T_{2s/2r}=\begin{bmatrix}\cos\theta_e & \sin\theta_e \\ -\sin\theta_e & \cos\theta_e\end{bmatrix} \tag{5-15}$$

$$[u_d \quad u_q]^T=T_{2s/2r}[u_\alpha \quad u_\beta]^T \tag{5-16}$$

根据式(5-15)、式(5-16)可以实现电压的 $\alpha\beta/dq$ 坐标变换，如图 5-9 所示。

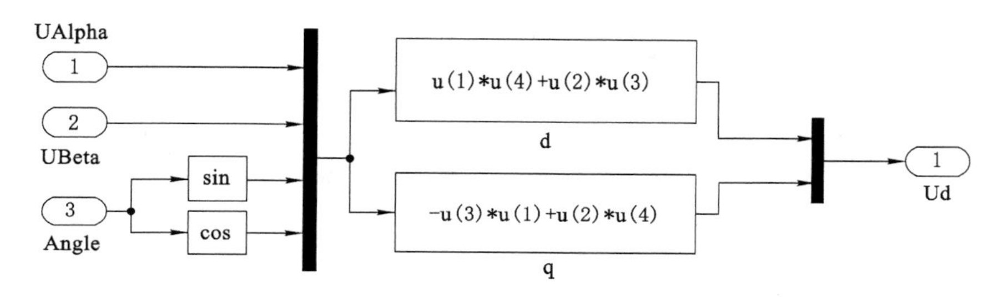

图 5-9　PARK_u 变换

(3) 电磁推力计算模块

PMLSM 电压方程式如下：

$$\begin{cases}u_d=Ri_d+L_dpi_d-\omega_eL_qi_q\\ u_q=Ri_q+L_qpi_q+\omega_eL_di_d+\omega_e\psi_f\end{cases} \tag{5-17}$$

根据式(5-17)，可以计算出 i_q、i_q，

$$\begin{cases}pi_d=\dfrac{1}{L_d}u_d-\dfrac{R}{L_d}i_d+\dfrac{L_q}{L_d}\omega_ei_q\\ pi_q=\dfrac{1}{L_q}u_q-\dfrac{R}{L_q}i_q-\dfrac{L_d}{L_q}\omega_ei_d-\dfrac{\psi_f}{L_q}\omega_e\end{cases} \tag{5-18}$$

电磁推力计算公式如下，

$$F_e=1.5\,\frac{\pi}{\tau}[\psi_fi_q+(L_d-L_q)i_di_q] \tag{5-19}$$

根据上式，可以建立 PMLSM 推力计算仿真模型，如图 5-10 所示。

(4) dq/ABC 电流变换矩阵

电枢三相电流的坐标逆变换关系定义为

$$i_{abc}=P^{-1}i_{dq0} \tag{5-20}$$

$$P^{-1}=\begin{bmatrix}\cos\theta_e & -\sin\theta_e & 1\\ \cos(\theta_e-120°) & -\sin(\theta_e-120°) & 1\\ \cos(\theta_e+120°) & -\sin(\theta_e+120°) & 1\end{bmatrix} \tag{5-21}$$

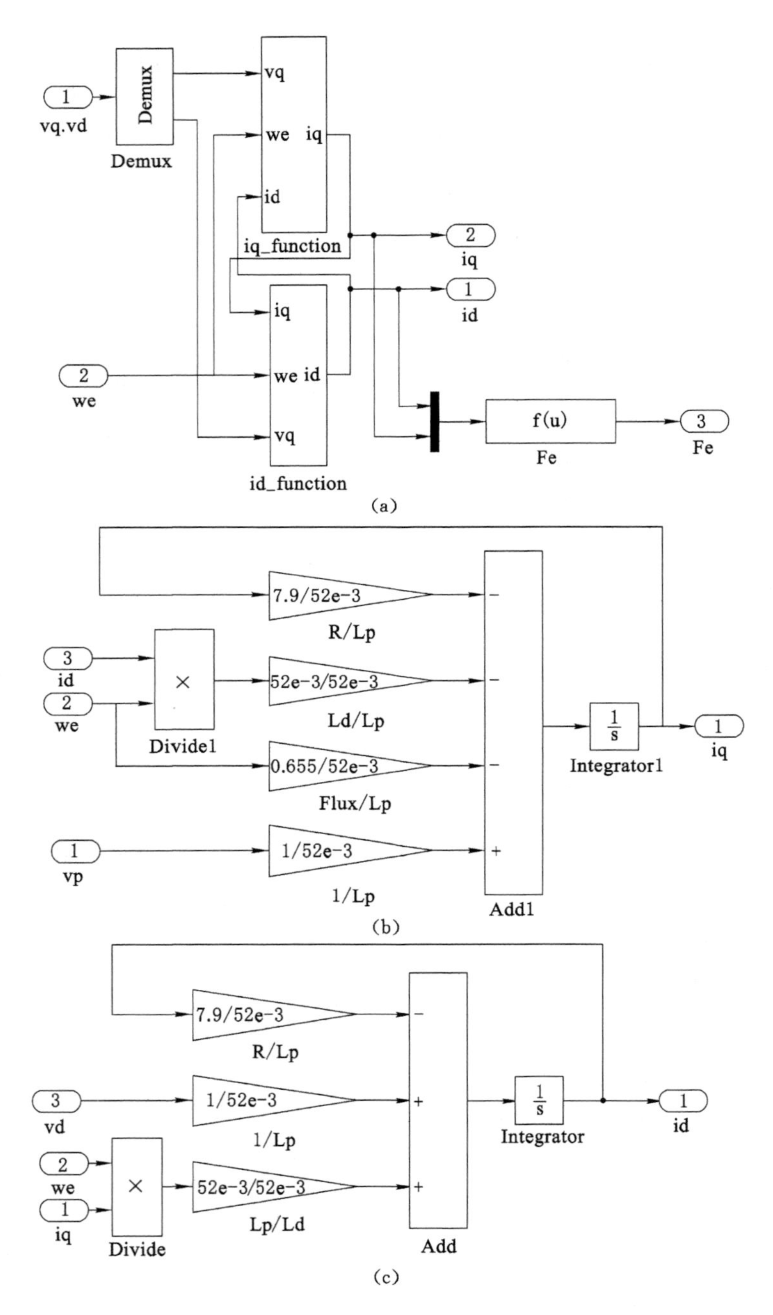

图 5-10 dq 轴坐标系下三相 PMLSM 仿真模型

(a) 电磁推力计算仿真模型;(b) q 轴电流计算仿真模型;(c) d 轴电流计算仿真模型

根据上式，建立电流 dq/ABC 坐标变换仿真模型，用于实现电流测量，如图 5-11 所示。

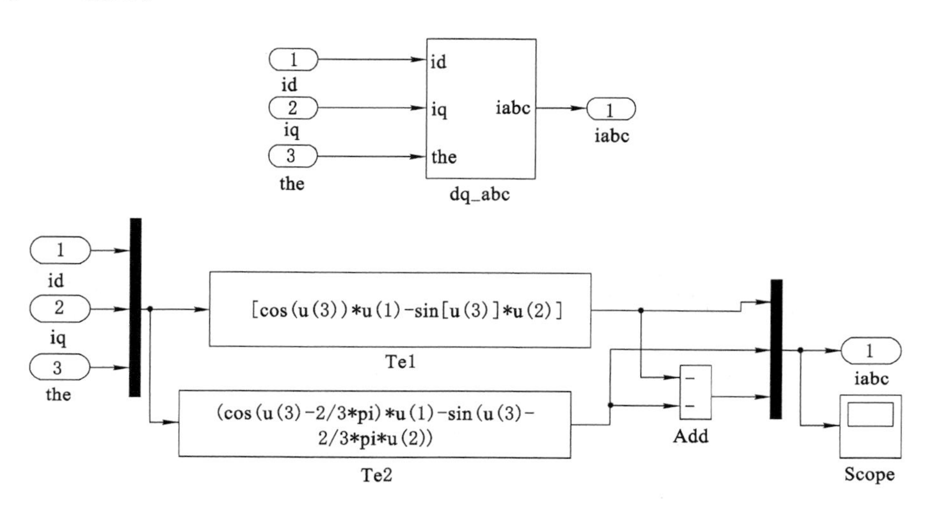

图 5-11　dq/ABC 电流变换矩阵仿真模型

（5）机械运动方程模型

PMLSM 机械运动方程式为：

$$m\frac{\mathrm{d}v}{\mathrm{d}t}=F_e-F_f-Bv \tag{5-22}$$

电气角速度为，

$$\omega_e=\pi v/\tau \tag{5-23}$$

动子位置角(电角度)

$$\theta_e=\int\omega_e\mathrm{d}t+\theta_0 \tag{5-24}$$

假设初始位置角 $\theta_0=0$。

根据上式建立 PMLSM 机械运动仿真模型，如图 5-12 所示。

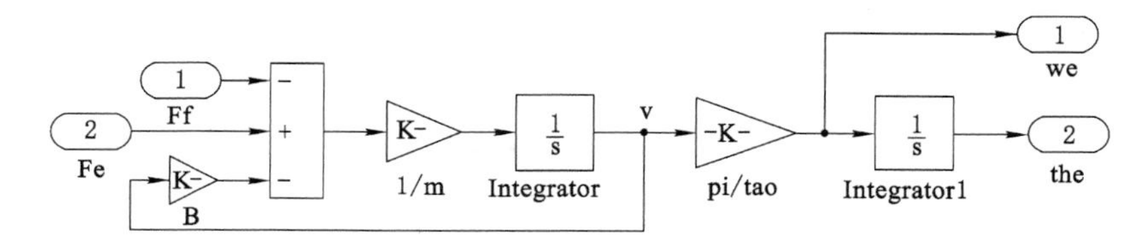

图 5-12　PMLSM 机械运动仿真模型

第六节　六扇区 PMLSM 直接推力控制实现方法

PMLSM 直接推力控制系统原理框图如图 5-13 所示。

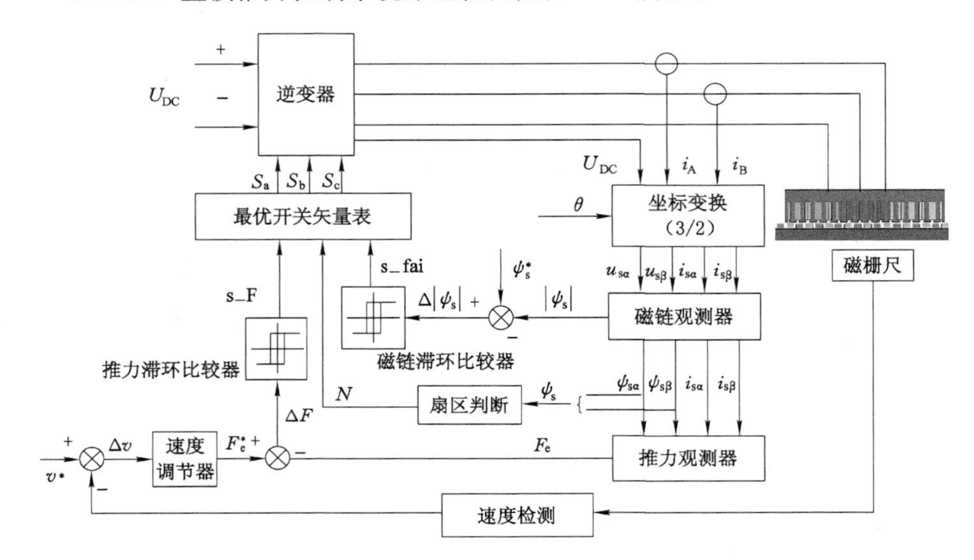

图 5-13　PMLSM 直接推力控制系统原理框图

利用 MATLAB 建立 PMLSM 直接推力控制系统仿真模型，仿真模型整体结构如图 5-14 所示。

下面基于图 5-13、图 5-14 所示的 PMLSM 直接推力控制原理框图分别介绍直接推力控制各个环节的实现方法。

一、参数估计

定子磁链幅值和电磁推力估计通过检测定子电流、电压，然后由软件计算的方法获得。Observer 模块实现定子磁链、电磁推力、定子磁链位置的估计，如图 5-15 所示。

(1) 定子磁链计算模块

磁链估计有电压模型法（u-n 模型法）、电流模型法（i-n 模型法）和组合模型法（u-i 法），在进行估算前，需要将定子侧的电流信号和电压信号经过 $3s/2s$ 坐标变换，将三相坐标系变换到两相静止坐标系。

① 磁链估计的电压模型法

在 $\alpha\beta$ 坐标系中，定子磁链可以用两个分量 ψ_α、ψ_β 来估计

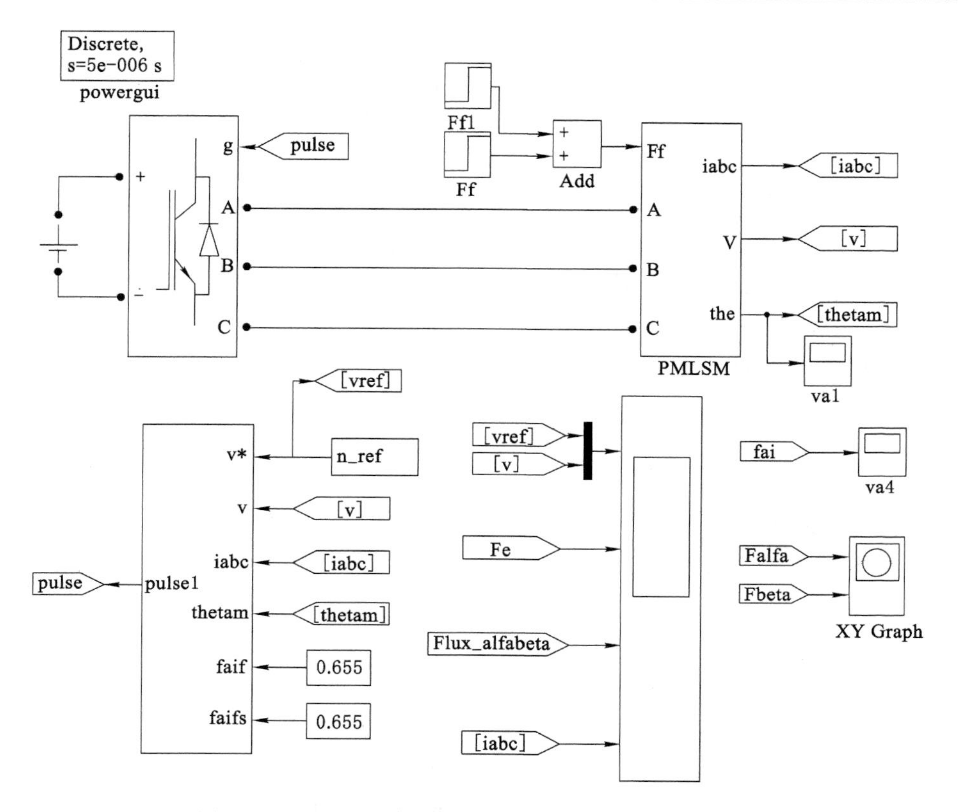

图 5-14　PMLSM 直接推力控制系统仿真模型整体结构

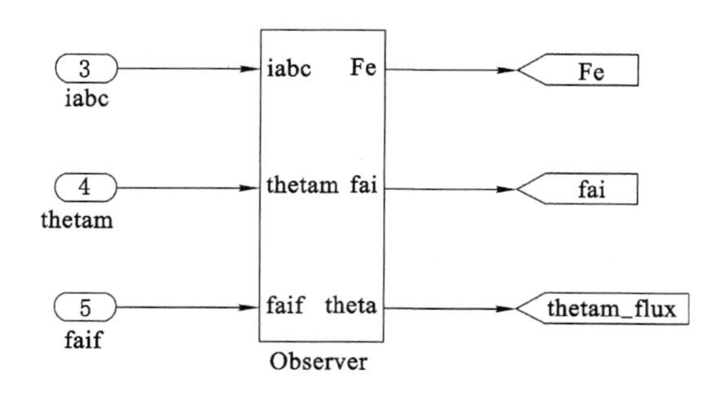

图 5-15　参数观测器

$$\begin{cases} \psi_\alpha = \int (u_\alpha - i_\alpha R_s) \mathrm{d}t \\ \psi_\beta = \int (u_\beta - i_\beta R_s) \mathrm{d}t \end{cases} \tag{5-25}$$

定子磁链幅值为

$$|\psi_s|=\sqrt{\psi_\alpha^2+\psi_\beta^2} \tag{5-26}$$

空间相位为

$$\theta_s=\arctan\left(\frac{\psi_\beta}{\psi_\alpha}\right) \tag{5-27}$$

该方法实现简单，但积分使得其存在误差积累和直流漂移问题，在电机低速运行时将十分突出。同时，在低速时，定子电阻压降将占主导地位，因此定子电阻参数变化对积分结果影响很大。

② 磁链估计的电流模型法

该方法在 dq 坐标系下估计磁链分量 ψ_d、ψ_q

$$\begin{cases}\psi_d=L_d i_d+\psi_f\\ \psi_q=L_q i_q\end{cases} \tag{5-28}$$

通过旋转坐标变换得到 $\alpha\beta$ 坐标系的两个分量 ψ_α、ψ_β

$$\begin{bmatrix}\psi_\alpha\\ \psi_\beta\end{bmatrix}=\begin{bmatrix}\cos\theta & -\sin\theta\\ \sin\theta & \cos\theta\end{bmatrix}\begin{bmatrix}\psi_d\\ \psi_q\end{bmatrix} \tag{5-29}$$

$$\begin{cases}\psi_\alpha=L_d i_\alpha+\psi_f\cos\theta\\ \psi_\beta=L_q i_\beta+\psi_f\sin\theta\end{cases} \tag{5-30}$$

与电压模型法相比，电流模型法不受电阻影响，但需要实时测量转子位置 θ，同时其精度受到电机内部参数 L_d、L_q、ψ_f 的影响，必要时需要实时辨识这些参数。基于电流模型法的磁链估计仿真模型如图 5-16 所示。

在实际控制系统中，电压模型法和电流模型法可以同时使用，高速时用电压模型法进行磁链估计，低速时用电流模型法进行修正，从而得到一个全速域的定子磁链估计模型。

(2) 电磁推力计算模块

电磁推力可以用估算的磁链和采样的电流来计算，如下式：

$$F_e=\frac{3}{2}\frac{\pi}{\tau}(\psi_\alpha i_\beta-\psi_\beta i_\alpha) \tag{5-31}$$

根据式(5-31)建立的推力计算模型如图 5-17 所示。

(3) 定子磁链位置的估计

定子磁链位置的估计通过对定子磁链 ψ_α 和 ψ_β，令

$$A=\arctan(\psi_\beta/\psi_\alpha) \tag{5-32}$$

根据式(5-32)建立定子磁链空间相位角的仿真模型，如图 5-18 所示。

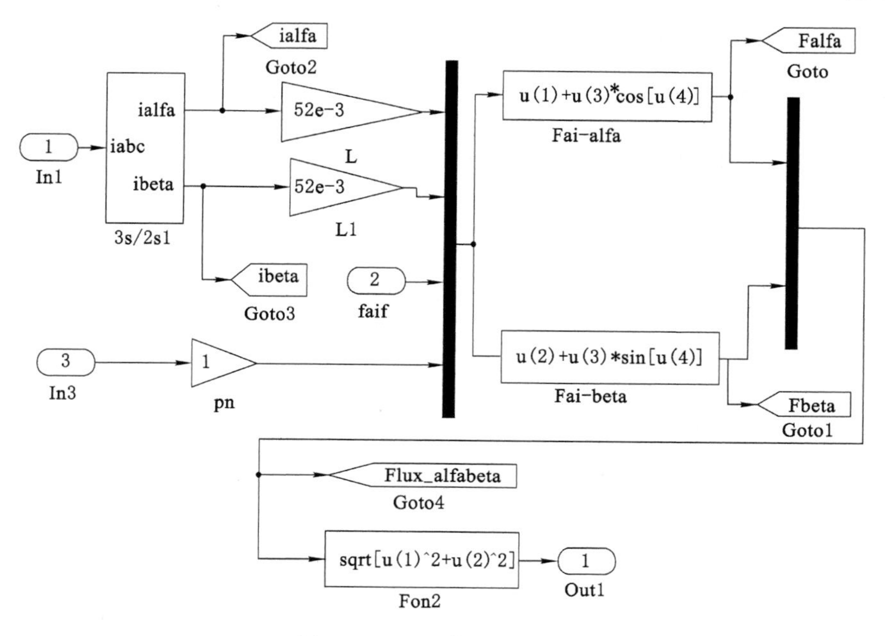

图 5-16　磁链估计仿真模型

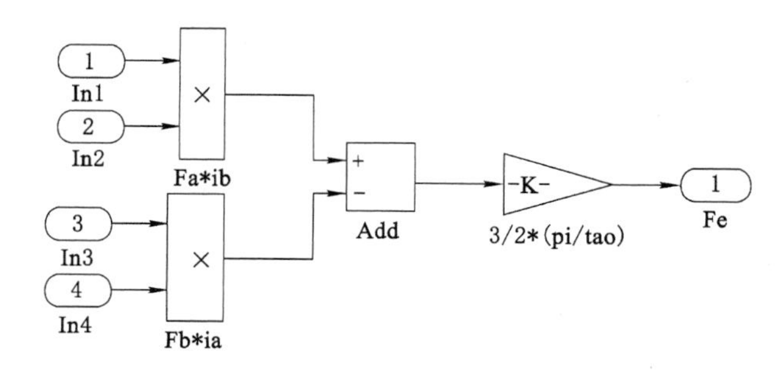

图 5-17　推力估计仿真模型

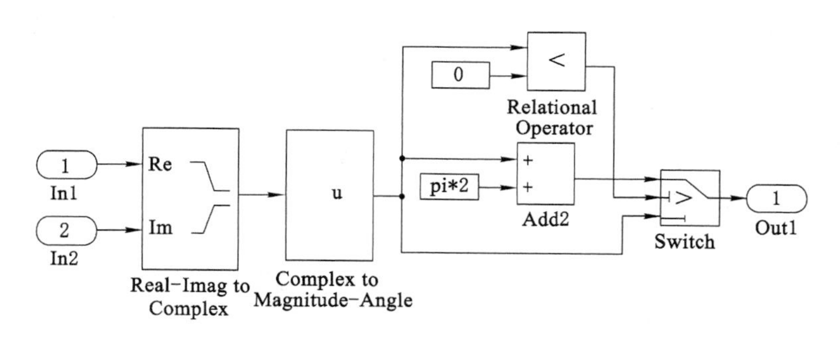

图 5-18　定子磁链空间相位角仿真模型

然后根据 A 的具体度数来判断磁链所在扇区。

二、控制器设计

控制器主要包括速度调节器、磁链调节器和推力调节器的设计，直接推力控制仿真模型如图 5-19 所示。

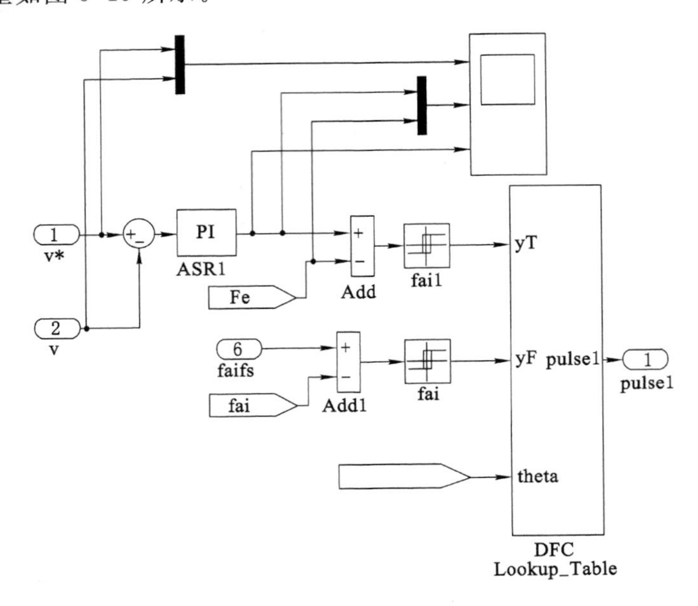

图 5-19　直接推力控制仿真模型

(1) 速度调节

速度环控制采用常规的 PI 控制器，速度调节器(ASR1)的输出作为电磁推力的给定。

(2) 磁链和推力调节

由直接推力控制的基本原理可知，最终是要根据推力、定子磁链调节器的输出以及定子磁链的位置来决定逆变器合理的开关状态，以输出合理的工作电压矢量。在直接转矩控制中，目的是控制定子磁链按近似恒定圆形轨迹运行和控制推力按给定指令值运行。即要求定子磁链幅值运行在允许误差 $\Delta\psi$ 范围内，转矩波动值也在允许误差 ΔT_e 范围内，即要满足条件

$$\begin{cases}\psi_{sg}-\Delta\psi\leqslant\psi_s\leqslant\psi_{sg}+\Delta\psi\\ T_e^*-\Delta T_e\leqslant T_e\leqslant T_e^*-\Delta T_e\end{cases}\tag{5-33}$$

式中　ψ_{sg}——定子磁链给定；

ΔT_e——推力滞环宽度；

$\Delta\psi$——磁链滞环宽度。

磁链和推力调节器输出设计为

$$\psi=\begin{cases}1 & \psi_{sg}-\psi_s>\Delta\psi \\ 0 & \psi_{sg}-\psi_s<-\Delta\psi\end{cases} \tag{5-34}$$

$$T_e=\begin{cases}1 & T_e^*-T_e>\Delta T_e \\ 0 & T_e^*-T_e<-\Delta T_e\end{cases} \tag{5-35}$$

MATLAB 仿真中，磁链滞环宽度 $\Delta\psi$ 取 0.01，推力滞环宽度 ΔT_e 取 5。

三、开关表的选择

（1）扇区判断

根据据定子磁链位置角 A 的具体度数来判断磁链所在扇区。具体代码如下：

```
function s = f(theta)
% This block supports the Embedded MATLAB subset.
% See the help menu for details.


s=1;
if(theta>=0&&theta<pi/6)
    s=1;
elseif(theta>pi/6&&theta<pi/2)
    s=2;
elseif(theta>pi/2&&theta<5*pi/6)
    s=3;
elseif(theta>5*pi/6&&theta<7*pi/6)
    s=4;
elseif(theta>7*pi/6&&theta<3*pi/2)
    s=5;
elseif(theta>3*pi/2&&theta<11*pi/6)
    s=6;
elseif(theta>11*pi/6&&theta<2*pi)
    s=1;
end
```

（2）开关表的选择及脉冲输出

直接推力控制系统不同的电压矢量对磁链和转矩的作用以及作用的大小不

同。本书采用了表 5-1 的电压矢量开关选择表，以实现定子磁链的圆形轨迹控制。

对实际的控制系统来说，电机的定子磁链幅值基本上保持为给定值，而转子磁链为 ψ_f，完全可以把磁链的给定值和推力给定值的设置结合起来，限制转矩的给定值，从而控制推力角的输出。开关表的选择及脉冲输出仿真模型如图 5-20 所示。

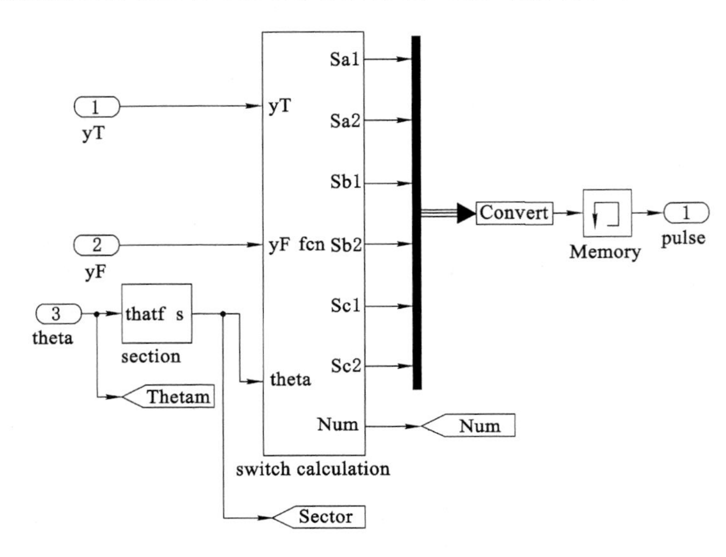

图 5-20　开关表的选择及脉冲输出仿真模型

开关表的计算及脉冲输出程序代码如下：

```
function [Sa1,Sa2,Sb1,Sb2,Sc1,Sc2,Num] = fcn(yT,yF,theta)
% This block supports the Embedded MATLAB subset.
% See the help menu for details.
Num=0;
Sa1=0;Sb1=0;Sc1=0;
Sa2=0;Sb2=0;Sc2=0;

if       (yF==1&&yT==1&&theta==1)
              Num=2;
elseif   (yF==1&&yT==1&&theta==2)
              Num=3;
elseif   (yF==1&&yT==1&&theta==3)
              Num=4;
elseif   (yF==1&&yT==1&&theta==4)
```

```
            Num=5;
    elseif (yF==1&&yT==1&&theta==5)
            Num=6;
    elseif (yF==1&&yT==1&&theta==6)
            Num=1;
    elseif (yF==1&&yT==0&&theta==1)
            Num=6;
    elseif (yF==1&&yT==0&&theta==2)
            Num=1;
    elseif (yF==1&&yT==0&&theta==3)
            Num=2;
    elseif (yF==1&&yT==0&&theta==4)
            Num=3;
    elseif (yF==1&&yT==0&&theta==5)
            Num=4;
    elseif (yF==1&&yT==0&&theta==6)
            Num=5;
    elseif (yF==0&&yT==1&&theta==1)
            Num=3;
    elseif (yF==0&&yT==1&&theta==2)
            Num=4;
    elseif (yF==0&&yT==1&&theta==3)
            Num=5;
    elseif (yF==0&&yT==1&&theta==4)
            Num=6;
    elseif (yF==0&&yT==1&&theta==5)
            Num=1;
    elseif (yF==0&&yT==1&&theta==6)
            Num=2;
    elseif (yF==0&&yT==0&&theta==1)
            Num=5;
    elseif (yF==0&&yT==0&&theta==2)
            Num=6;
    elseif (yF==0&&yT==0&&theta==3)
```

```
            Num=1;
elseif  (yF==0&&yT==0&&theta==4)
            Num=2;
elseif  (yF==0&&yT==0&&theta==5)
            Num=3;
elseif  (yF==0&&yT==0&&theta==6)
            Num=4;
end

if        (Num==1)
         Sa1=1;Sb1=0;Sc1=0;
         Sa2=0;Sb2=1;Sc2=1;
elseif  (Num==2)
         Sa1=1;Sb1=1;Sc1=0;
         Sa2=0;Sb2=0;Sc2=1;
elseif  (Num==3)
         Sa1=0;Sb1=1;Sc1=0;
         Sa2=1;Sb2=0;Sc2=1;
elseif  (Num==4)
         Sa1=0;Sb1=1;Sc1=1;
         Sa2=1;Sb2=0;Sc2=0;
elseif  (Num==5)
         Sa1=0;Sb1=0;Sc1=1;
         Sa2=1;Sb2=1;Sc2=0;
elseif  (Num==6)
         Sa1=1;Sb1=0;Sc1=1;
         Sa2=0;Sb2=1;Sc2=0;
end
end
```

四、仿真研究

为验证所搭建仿真模型的正确性，对 MATLAB/SIMULINK 中搭建的 PMLSM 直接推力控制仿真模型进行了仿真研究。

仿真中所用电机参数如下：

额定相电压 UN（V）：110 V，$Ld=Lq=52.02$ mH，额定速度 v（m/s）=

1.035 m/s，单元次级重量 M(kg)＝5.1 kg，极对数 np＝8，每相绕组电阻 Rs＝7.9 Ω，极距 τ＝22.5 mm，永磁体的磁链幅值大概为 0.655。

采用变步长 ode23（Bogacki-Shampine）算法，相对误差 0.001，仿真时间 0.03 s。另外，推力 Bang-bang 控制器的开关切换点为[5，－5]，输出为[1，0]；磁链 Bang-bang 控制器的开关切换点为[0.01，－0.01]，输出为[1，0]。

额定速度设定为 1 m/s，动子质量（单元次级重量）5.1 kg，在 0.01 s 时负载阻力为 150 N，仿真曲线如图 5-21 所示。

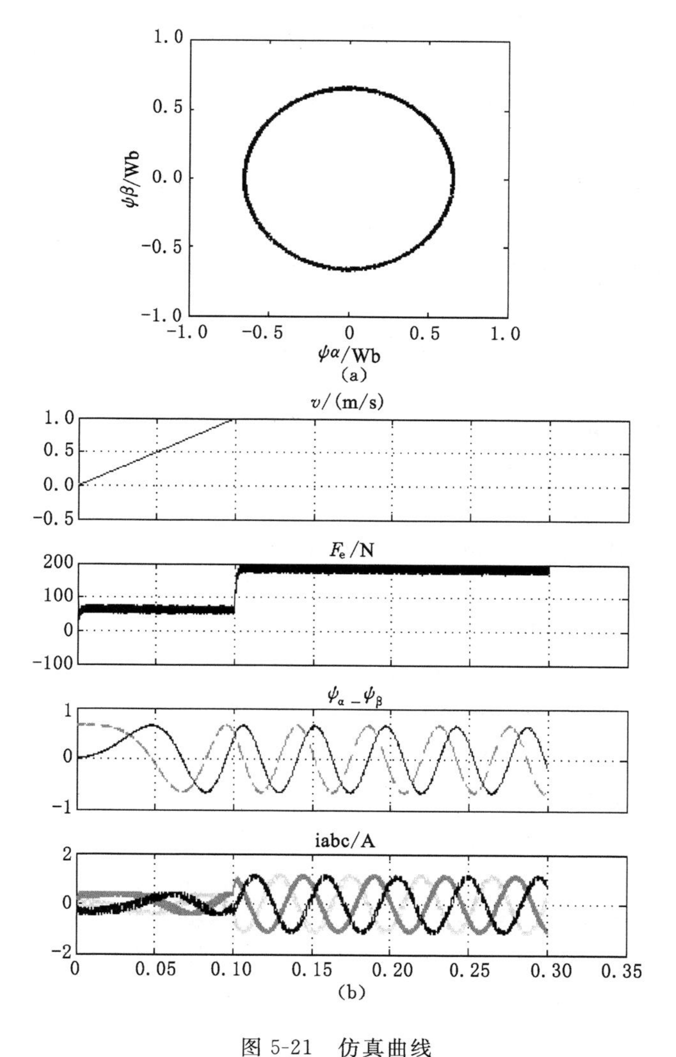

图 5-21　仿真曲线

(a) 磁链相图的变化曲线；(b) 速度、推力、电流曲线

第七节　直接推力控制推力脉动抑制

传统6扇区PMLSM直接推力控制有很多优点，但存在推力脉动大的问题，低速时尤为严重，很多研究人员从不同角度分析了脉动产生的原因，并提出了改进方案。文献[20]采用空间矢量脉宽调制(SVPWM)方法，使电动机获得较理想的圆形磁场。文献[21]将滑模变结构控制(SMC)引入到PMLSM直接推力控制中，将滑模控制器代替传统磁链和推力滞环控制器。文献[22]结合模糊控制方法改进控制性能，采用反步方法进行一体化设计，对定子磁链、推力和定子电流脉动抑制方法进行了研究。文献[23]利用定子磁链和电磁推力作为状态变量建立了多输入多输出(MIMO)状态空间模型，利用线性二次型调节器研究推力波动抑制方法；文献[24]研究了基于占空比调制的直接推力控制方法。开关表优化方法主要集中在旋转永磁同步电动机(PMSM)[25,26]，文献[25]对永磁同步电机直接转矩控制扇区细分方法进行了仿真研究。

本章参考文献

[1] DEPENBROCK M. Direct Self Control (DSC) of Inverter-fed Induction Machine[J]. IEEE Trans on Power Electronics,1988:420-429.

[2] ISAO TAKAHASHI,TOSHIHIKO NOGUCHI. A New Quick Response and High-efficiency Control Strategy of an Induction Motor[J]. IEEE Trans on Industry Applications,1986,22(5):820-827.

[3] ZHONG DEPENBROCK, RAHMAN M F, HU W Y, et al. Analysis of direct torque control in permanent magnet synchronous motor drives[J]. IEEE Trans Power Electron,1997,12(3):528-536.

[4] HUANG Y S,SUNG C C. Implementation of sliding mode controller for linear synchronous motors based on direct thrust control theory [J]. IET Control Theory and Applications,2010,4(3):326-338.

[5] MUHAMMAD ALI MASOOD CHEEMA, JOHN EDWARD FELTCHER,DAN XIAO, et al. A Linear Quadratic Regulator — Based Optimal Direct Thrust Force Control of Linear Permanent — Magnet Synchronous Motor [J]. IEEE Transactions on Industrial Electronics, 2016,63(5):2722-2733.

[6] 袁登科. 永磁同步电动机变频调速系统及其控制[M]. 北京：机械工业出版

社,2015.
[7] 李崇坚.交流同步电机调速系统[M].第二版.北京:科学出版社,2013.
[8] 刘和平.DSP原理及电机控制应用[M].北京:北京航空航天大学出版社,2006.
[9] 李耀华,刘卫国.永磁同步电机直接转矩控制不合理转矩脉动[J].电机与控制学报,2007,11(2):148-151.
[10] 徐艳平,钟彦儒.扇区细分和占空比控制相结合的永磁同步电机直接转矩控制[J].中国电机工程学报,2009,29(3):102-108.
[11] MUHAMMAD ALI MASOOD CHEEMA, JOHN EDWARD FLETCHER, DAN XIAO, et al. A Direct Thrust Control Scheme for Linear Permanent Magnet Synchronous Motor Based on Online Duty Ratio Control [J]. IEEE Transactions on Power Electronics, 2016, 31(6): 4416-4428.
[12] 辛忠有.初级绕组分段永磁直线同步电机无传感器技术研究[D].哈尔滨:哈尔滨工业大学,2016.
[13] 王丽梅,程兴民.改进的永磁直线同步电机直接推力控制[J].组合机床与自动化加工技术,2015(12):60-64.
[14] 董思兴.永磁同步直线电机无位置传感器动子位置估计研究[D].合肥:安徽大学,2016.
[15] 金孟加,邱建琪,史涔溦,等.基于新型定子磁链观测器的直接转矩控制[J].中国电机工程学报,2005,25(4):139-143.
[16] 周扬忠,毛洁.基于有效磁链概念的永磁同步电动机新型定子磁链滑模观测器[J].中国电机工程学报,2013,33(12):152-158.
[17] 郑慧芳,高长举,刘英环,等.基于BP神经网络的定子绕组智能观测器的研究[J].河北工业大学学报,2006,35(2):100-104.
[18] ZHONG L, RAHMAN M F, HU Y W, et al. Analysis of direct torque control in permanent magnet synchronous motor drives [J]. IEEE Transactions on Power Electronics, 1997, 12(3): 528-535.
[19] 程兴民.永磁直线同步电机直接推力控制研究[D].沈阳:沈阳工业大学,2015.
[20] 袁雷.现代永磁同步电机控制原理及MATLAB仿真[M].北京:北京航空航天大学出版社,2016.
[21] 王军.永磁同步电机智能控制技术[M].成都:西南交通大学出版社,2015.
[22] 崔皆凡,单宝钰,秦超,等.基于改进SVPWM永磁直线同步电机直接推力

控制[J]. 沈阳工业大学学报,2013,35(4):361-366.
[23] 杨俊友,崔皆凡,何国锋. 基于空间矢量调制和滑模变结构的永磁直线电机直接推力控制[J]. 电工技术学报,2007,22(6):24-28.
[24] 刘仕奇. 永磁同步直线电机直接推力控制技术研究[D]. 成都:电子科技大学,2015.
[25] MUHAMMAD ALI MASOOD CHEEMA, JOHN EDWARD FLETCHER, DAN XIAO, et al. A Linear Quadratic Regulator-Based Optimal Direct Thrust Force Control of Linear Permanent-Magnet Synchronous Motor [J]. IEEE Transactions on Industrial Electronics, 2016,63(5):2722-2733.
[26] CHEEMA MUHAMMAD ALI MASOOD, FLETCHER JOHN EDWARD, XIAO DAN, et al. A Direct Thrust Control Scheme for Linear Permanent Magnet Synchronous Motor Based on Online Duty Ratio Control[J]. IEEE Transactions on Power Electronics, 2016, 31(6): 4416-4428.
[27] 廖晓钟,邵立伟. 直接转矩控制的十二区段控制方法[J]. 中国电机工程学报,2006,26(6):167-173.
[28] 徐艳平,钟彦儒. 扇区细分和占空比控制相结合的永磁同步电机直接转矩控制[J]. 中国电机工程学报,2009,29(3):102-108.

第六章　PMLSM 直驱电梯运行控制系统设计

第一节　绕组切换位置信号的检测及驱动控制

一、绕组切换位置检测系统设计

PLC 根据位置传感器检测到的动子运行位置，控制接触器切换单元电机定子绕组，实现 SW-PMLSM 的分组供电[1]。

绕组切换位置检测采用 LJ18A3-8-Z 电感式接近开关，技术参数如下：

- 直径 18 mm。
- 感应距离 8 mm，供电电源直流 6-36VDC。
- 输出 NPN 三线制常开信号。

电感式接近开关外形及接线原理图如图 6-1 所示。

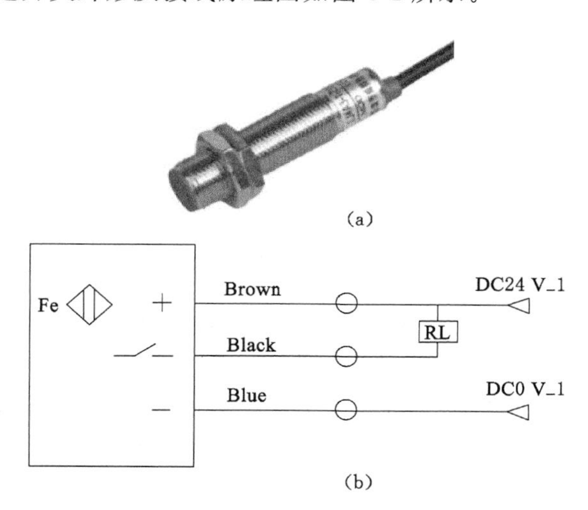

图 6-1　电感式接近开关

(a) LJ18A3-8-Z 电感式接近开关实物图片；

(b) 电感式接近开关接线原理图

接近开关安装在定子基座上，位于相邻两台电机定子单元的中间。接近开关检测物为一方形钢板，安装在动子支架上，与定子基座平行。接近开关安装示意图如图 6-2 所示。

接近开关的输出信号均进入 PLC 的数字量输入端，当动子处于某个接近开关的有效探测范围时，该传感器输出高电平信号，否则，输出低电平信号。

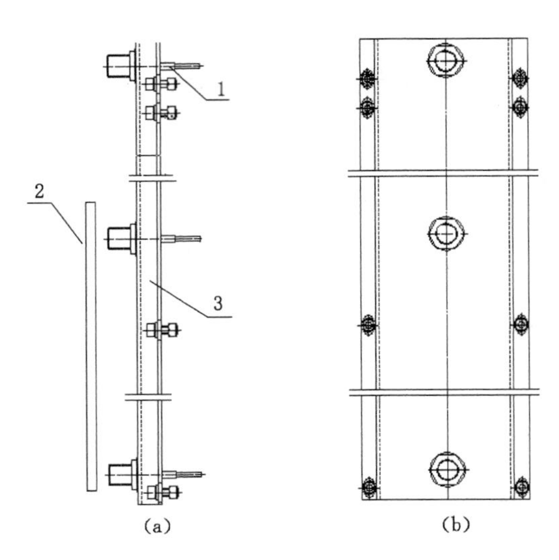

图 6-2　接近开关安装示意图

(a) 侧视图；(b) 正视图

1——绕组切换位置传感器；2——探测钢板；3——底座

二、绕组切换驱动电路设计

电机定子电枢绕组单元采用一个具有“三个常开主触点、三个常闭主触点”的特殊接触器控制。绕组切换驱动电路主回路原理图如图 6-3 所示。

当接触器线圈通电时，相应的定子绕组通电，实现分组供电功能。当接触器线圈断电时，其常闭主触点自动闭合，如果电机定子绕组单元进入移动的动子永磁体励磁磁场，定子绕组内部将产生感应电流，形成制动力。该方式可以在定子绕组失电时起能耗制动作用，作为 PMLSM 直驱电梯，可以提高无绳电梯的可靠性。

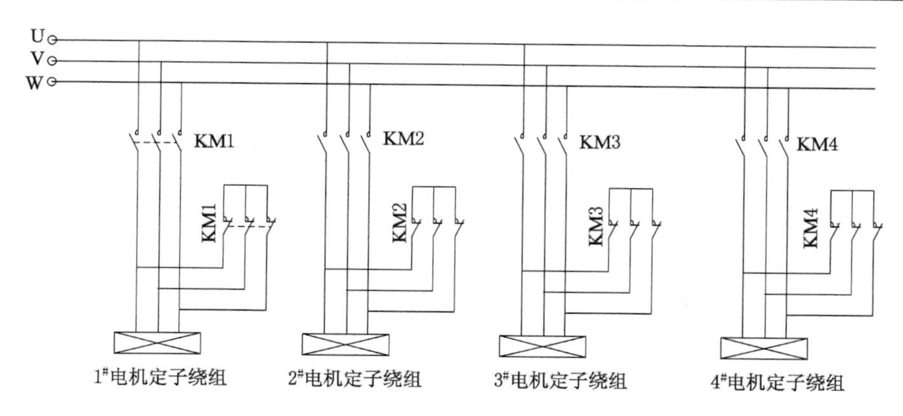

图 6-3　绕组切换驱动电路主回路原理图

第二节　绕组切换运行控制系统设计

本系统选择三菱 FX2N PLC 作为绕组切换运行控制器，根据 SW-PMLSM 运行控制要求，确定了 PLC 运行控制系统的输入输出点，并对 I/O 口地址进行分配，I/O 口地址分配见表 6-1。

表 6-1　I/O 口地址分配表

序号	输入	备注	输出	备注
1	X2	启动	Y0	1# 电机运行
2	X3	手动提升	Y1	2# 电机运行
3	X4	手动下降	Y2	3# 电机运行
4	X5	自动	Y3	4# 电机运行
5	X6	手动	Y4	5# 电机运行
6	X7	停止运行	Y5	6# 电机运行
7	X10	1# 位置信号	Y6	7# 电机运行
6	X11	2# 位置信号	Y7	8# 电机运行

续表 6-1

序号	输入	备注	输出	备注
7	X12	3# 位置信号	Y10	9# 电机运行
8	X13	4# 位置信号	Y11	10# 电机运行
9	X14	5# 位置信号	Y12	备用
10	X15	6# 位置信号	Y13	失电控制
11	X16	7# 位置信号	Y14	备用
12	X17	8# 位置信号	Y15	正向运行
13	X25	1# 接触器反馈	Y16	反向运行
14	X26	2# 接触器反馈	Y17	制动控制
15	X27	3# 接触器反馈	Y20	手动指示
16	X30	4# 接触器反馈	Y21	故障报警
17	X31	5# 接触器反馈	Y22	备用
18	X32	6# 接触器反馈	Y23	备用
19	X33	7# 接触器反馈	Y24	备用
20	X34	8# 接触器反馈	Y25	备用
21	X35	9# 接触器反馈	Y26	备用
22	X36	10# 接触器反馈	Y27	备用
23	X37	变频器故障		

定子电枢的绕组切换控制由 PLC 实现，本系统选择三菱 FX2N PLC 作为绕组切换运行控制器。所有的绕组切换位置接近开关传感器的输出信号均进入 PLC 数字量输入端子，当动子进入某个传感器的有效探测范围时，相应的传感器输出高电平信号，否则输出低电平信号。

绕组切换控制电路原理图如图 6-4 所示。

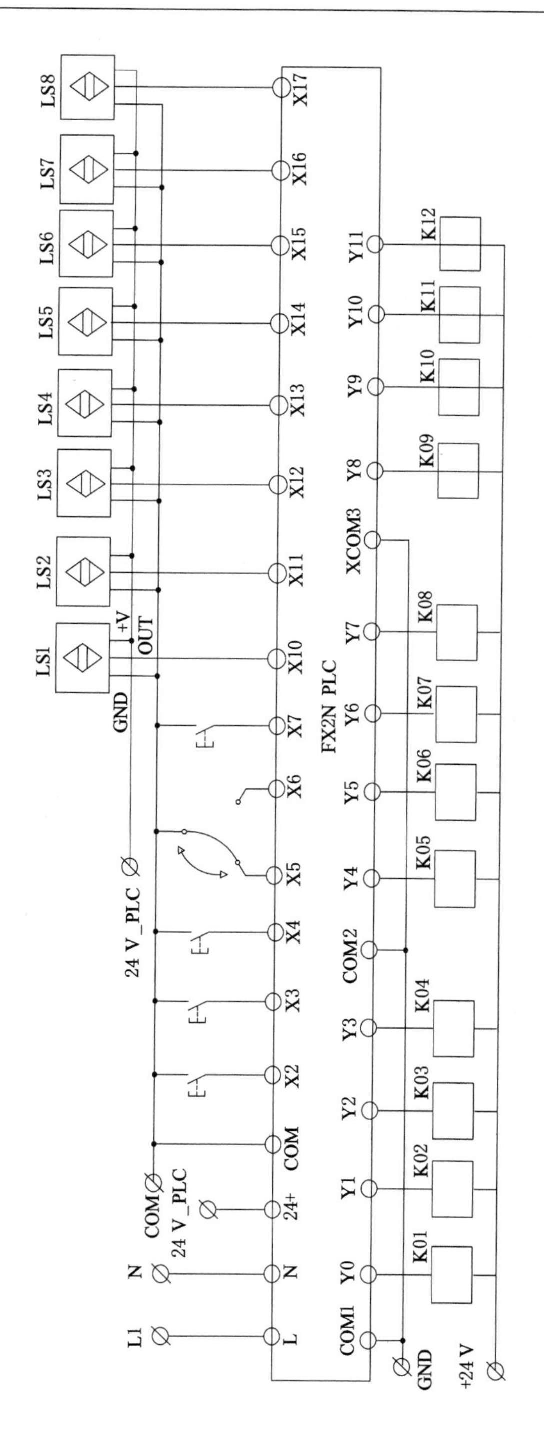

图6-4　绕组切换控制电路原理图

第三节　绕组切换容错控制

一、电感式接近开关故障模式

绕组分段 PMLSM 正向运行时，电感式接近开关传感器故障前后的输出信号波形如图 6-5 所示。为了方便分析，现将第 i 个接近开关传感器的上升沿和下降沿（简称，跳变沿）分别标记为 $i_{(+)}$、$i_{(-)}$，第 $i+1$、$i+2$ 个传感器的跳变沿分别标记为 $i+1_{(+)}$、$i+1_{(-)}$ 和 $i+2_{(+)}$、$i+2_{(-)}$。图 6-5(a)为接近开关传感器无故障时输出波形[1]。

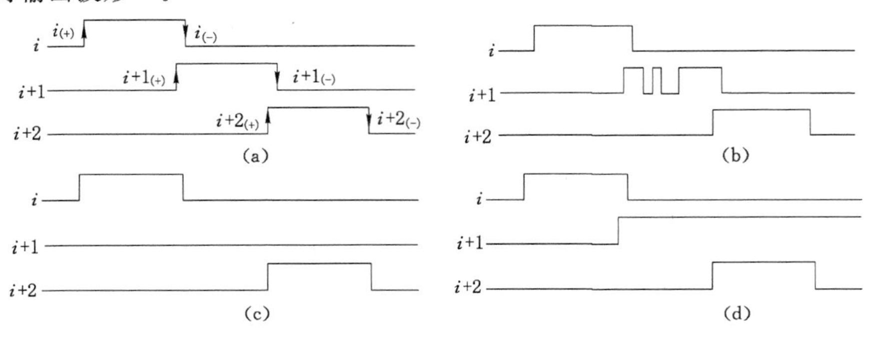

图 6-5　传感器故障前后的输出信号波形

(a) $i+1$ 号传感器信号正常；(b) $i+1$ 号传感器信号不稳定；
(c) $i+1$ 号传感器持续低电平故障；(d) $i+1$ 号传感器持续高电平故障

图 6-5(b)表示因接触不良、损坏等原因造成的接近开关信号不稳定故障。图 6-5(c)为接近开关持续低电平故障，传感器信号丢失。图 6-5(d)为持续高电平故障。

反向运行时，电感式接近开关传感器故障前后的输出信号波形与正向类似。为了更好地说明传感器诊断的过程，表 6-2 给出了传感器故障类型及判断方法。

表 6-2　　传感器故障类型及判断方法

故障类型	故障特征
信号不稳定	一个周期内出现多次跳变沿
信号丢失	在第 i 个位置传感器下降沿到来前，未检测到第 $i+1$ 个传感器的上升沿，第 $i+1$ 个传感器信号丢失故障
持续高电平	检测到第 $i+1$ 个位置传感器上升沿后，延时一段时间，未检测到第 i 个位置传感器下降沿，第 i 个传感器持续高电平故障

二、位置接近开关传感器状态估计

根据动子的运行速度及相邻位置的传感器信号状态，可由下一个传感器的状态信号进行在线估算。根据永磁直线同步电机的运行原理，动子移动的距离(位移)可以表示为

$$x=\int v\mathrm{d}t \tag{6-1}$$

PMLSM 的运行速度为

$$v=2f\tau \tag{6-2}$$

式中　f——供电电源频率；

　　τ——PMLSM 的极距。

根据式(6-1)、式(6-2)，动子移动距离可以通过下式计算

$$x=\int 2f\tau\mathrm{d}t \tag{6-3}$$

由于接近开关传感器的安装间距为单段定子电枢的长度 l。当 PLC 检测到第 i 个接近开关传信号的上升沿时，可以通过式(6-3)实时在线计算动子移动的距离。然后根据动子的位移，估计下一个传感器的状态，如图 6-6 所示。

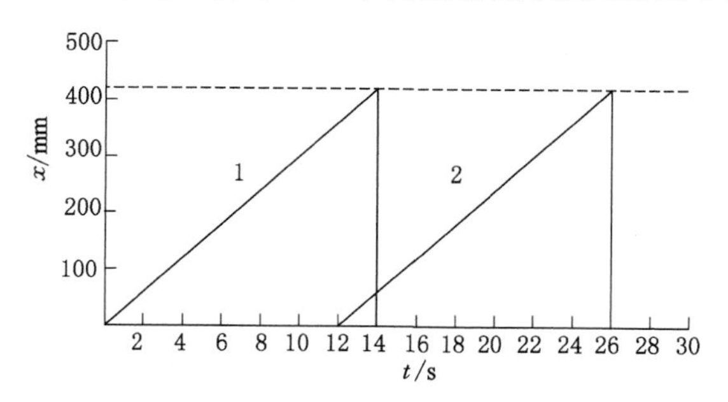

图 6-6　切换位置估计

考虑到 PMLSM 速度误差，为提高抗干扰能力，设置一个阀值 ε，根据阀值 ε 可以确定一个动子位移 x 的判断区间[$l-\varepsilon,l+\varepsilon$]。如果在此区间内，第 $i+1$ 个传感器的上升沿脉冲被捕捉到，则该传感器的信号正常，可由真实的传感器信号切换电机定子绕组；否则，诊断该传感器的信号丢失，隔离该故障传感器，采用估计值替代发生故障的传感器。

三、容错切换控制方案

位置传感器容错控制结构如图 6-7 所示，主要由接近开关传感器状态在线

预测、故障检测与诊断、软切换容错控制模块组成。

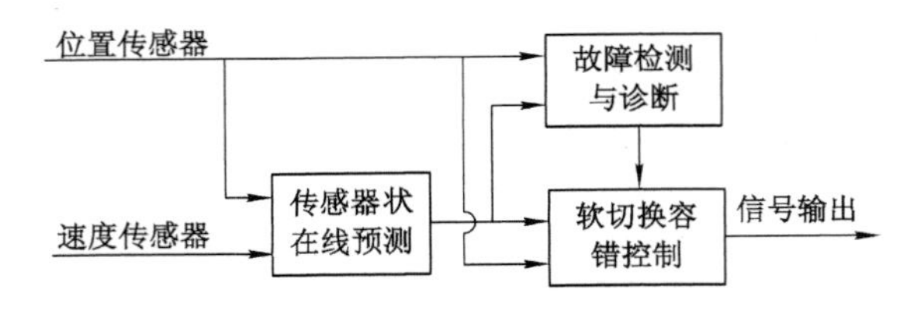

图 6-7　位置传感器容错控制结构图

接近开关传感器状态预测模块通过硬件捕捉当前传感器的“跳变沿”，根据动子移动的位移预测对下一个传感器的输出信号状态。故障检测与诊断模块利用相邻的位置接近开关状态信号以及传感器状态预测值进行故障检测，并输出故障信息。软切换容错控制模块根据故障检测与诊断模块的输出结果进行定子绕组切换容错控制，当检测到某一个位置接近开关故障时，首先隔离故障的传感器，然后采用位置估计值替代发生故障的传感器输出驱动信号，可靠触发定子绕组，保证系统稳定运行。绕组分段 PMLSM 切换位置传感器故障诊断与容错控制流程如图 6-8 所示。

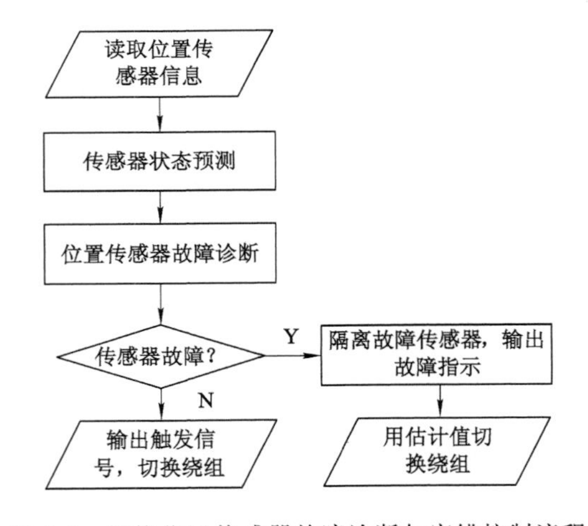

图 6-8　切换位置传感器故障诊断与容错控制流程

第四节　安全保护系统设计

为提高 SW-PMLSM 提升系统的安全性，防止失电和重大故障时出现安全事故，设计了 SW-PMLSM 提升系统的安全保护系统。除液压盘式制动系统、安全钳过速保护和缓冲器三重常规保护之外，还根据 SW-PMLSM 的特点设置了第四重保护，即断电时发电制动（能耗制动）保护，理论上可完全避免坠罐事故的发生，安全性能显著提高。

一、液压盘式制动器控制

制动系统是 SW-PMLSM 提升系统的重要组成部分，是采用机械摩擦方式对提升机施加制动力，其制动分为工作制动和安全制动[1,2]。

（1）工作制动：正常运行过程中，为控制 SW-PMLSM 提升系统运行速度、停车而实施的制动。

（2）安全制动（又称紧急制动）：SW-PMLSM 提升系统运行过程中出现不安全运行状态而采取的紧急停车，在事故状态下及时、安全地闸住提升机。

液压盘式制动器是靠碟形弹簧产生制动力，用油压解除制动。盘式制动器液压系统原理图如图 6-9 所示，主要由电动机、液压泵、压力继电器、电磁阀等组成。

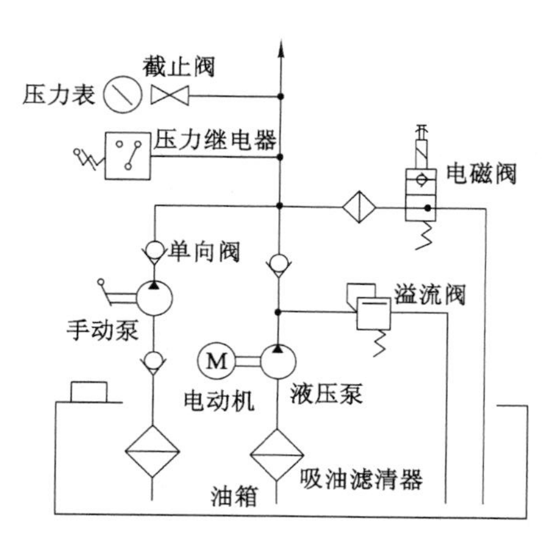

图 6-9　盘式制动器液压系统原理图

液压盘式制动器电气控制系统如图 6-10 所示。

通过控制电磁阀来实现制动及松闸。液压泵由三相异步电动机驱动，异步电动机由 PLC 通过继电器 KA1 进行控制，为了确保液压系统的稳定运行，压力继电器及热继电器常闭触点串联到液压泵的控制回路中。同时利用压力传感器将液压系统的压力以及制动器动作开关信号输入到 PLC，以检测液压制动系统是否正常工作。

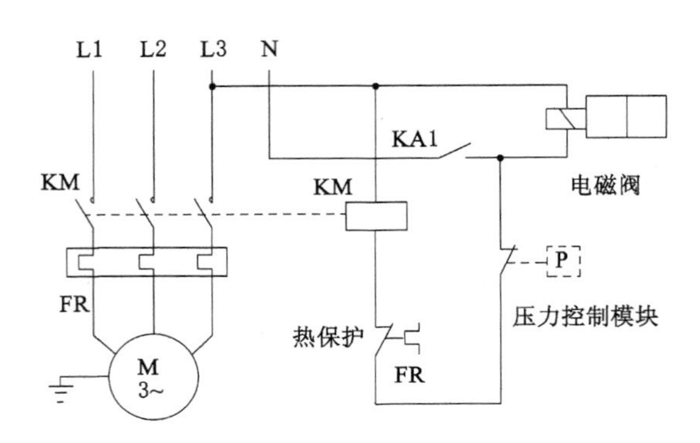

图 6-10　液压盘式制动器电气控制系统

二、能耗制动控制

如果不采取机械制动措施，垂直运动的 PMLSM 运行过程中遇到失电故障时，永磁体动子连同罐笼负荷在重力的作用下将会坠落，在永磁体动子与定子绕组之间将形成一个随动子移动的行波磁场。该磁场切割定子绕组并在其上产生感应电动势，若此时将定子三相电枢绕组直接短接或外串阻抗短接形成闭合回路，那么 PMLSM 将变成荷载的发电机运动状态，并在闭合的定子三相电枢绕组中产生感应电流，这个电流形成的磁场与永磁体动子形成的行波磁场相互作用，产生一个与动子下降方向相反的制动力，当向上的制动力与向下的重力平衡时，动子和轿厢(罐笼)将以一个较低的速度匀速下放，从而将动子的下降速度限制到某个低值，把提升机下坠速度限制在安全范围之内[1-3]。能耗制动作为 PMLSM 无绳提升系统的后备保护，极大地提高了无绳提升系统的安全性能。

对于 SW-PMLSM，在其运行过程中，只需将与动子直接耦合的所有单元电机定子绕组同时供电。为了使失电情况定子绕组自动闭合短接，形成能耗制动运行模式，每一台单元电机定子绕组由一个具有“三个常开主触点、三个常闭主触点”的特殊接触器实现供电。

对于垂直运动的 PMLSM，假设没有机械制动，在定子电枢绕组失电时，如果将三相定子绕组短接，将会产生一个与动子下降方向相反的制动力，当制动力与动子的重力相平衡时，动子将会以一个比较低速度匀速下放，从而把动子下坠的速度限制在一个安全范围内。能耗制动作为 PMLSM 无绳提升系统的后备保护，可以提高系统的安全性能。

三、安全保护控制电路设计

安全保护回路主要检测 SW-PMLSM 直驱电梯运行过程中的故障信号，主要包括上下限行程开关、限速保护、变频器故障、操作台急停等信号等，在出现上述故障信息时，经 PLC 安全保护程序判断，在出现严重故障时，触发制动器实现机械制动，同时断开电机初级接触器电源，为能耗制动做准备。安全保护回路控制原理图如图 6-11 所示。

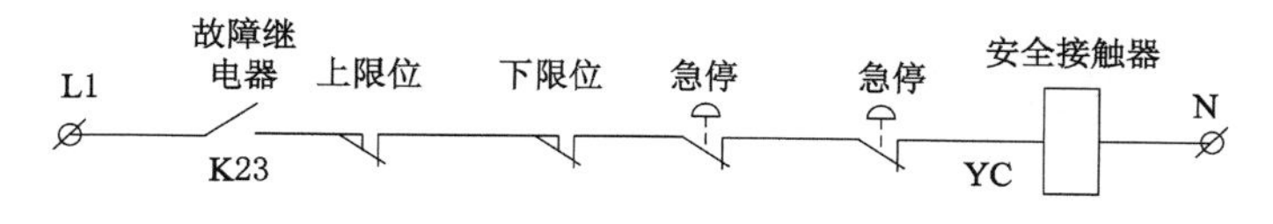

图 6-11　安全保护回路控制原理图

第五节　PLC 运行控制程序设计

PLC 运行控制程序主要包括初始化程序、提升模式绕组切换子程序、下放模式绕组切换子程序、运行控制子程序、故障检测与处理子程序。PLC 主程序流程图如图 6-12 所示，提升模式下的绕组切换子程序如图 6-13 所示。

PLC 程序采用三菱 PLC 编程软件 GX Developer 8.86 编写。

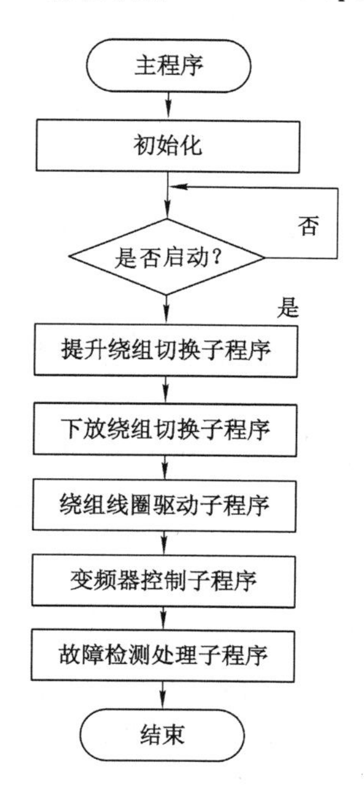

图 6-12　PLC 主程序流程图

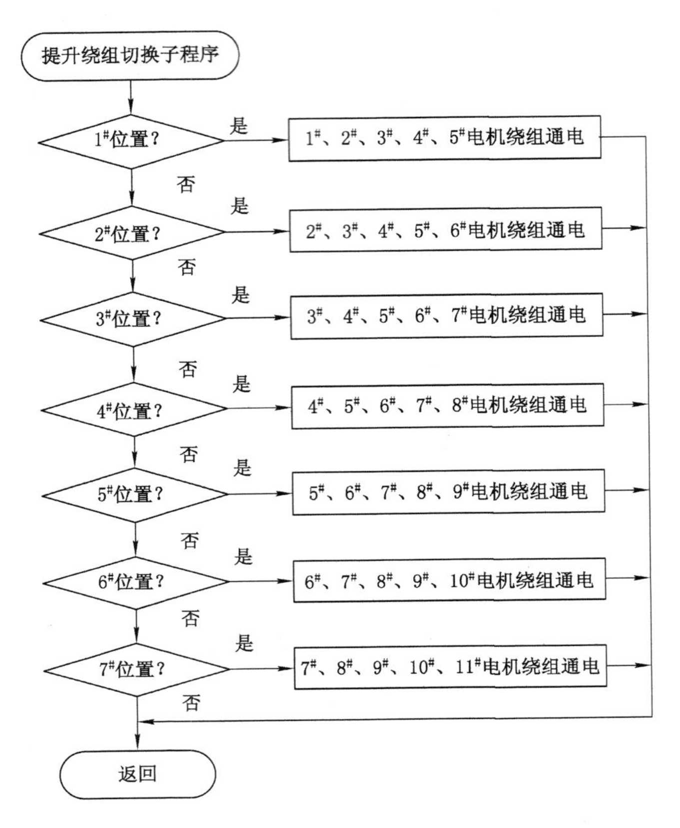

图 6-13　提升模式下的绕组切换子程序

第六节　直接推力控制系统设计

直接推力控制电路采用 TMS320F2812 处理器作为控制器。它是 TI 公司推出的一款用于控制的高性能和高性价比的 32 位定点 DSP 芯片，主频可达 150 M。其片上外设主要包含 2×8 路 12 位 AC(最快 80 ns 转换时间)、2 路 SCI、1 路 SPI、1 路 CAN 总线通信接口，并带有两个事件管理模块(EVA、EVB)，分别包括 6 路 PWM/CMP、2 路 QEP、3 路 CAP、2 路 16 位定时器，3 个独立的 32 位 CPU 定时器，以及多达 56 个独立编程的 GPIO 引脚。片内内置 128 K×16 位 FLASH，18 K 的 SRAM，利用烧写插件可以方便地固化用户程序，FLASH 可加密。直接推力控制系统硬件实现框图如图 6-14 所示。

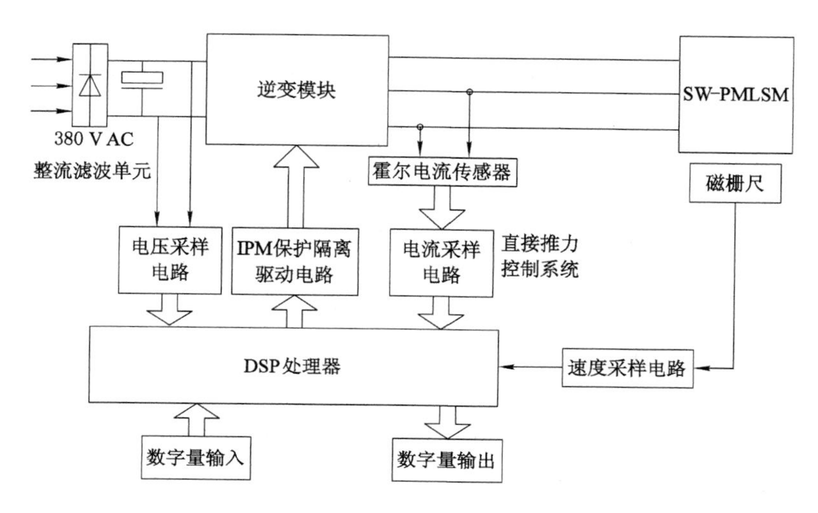

图 6-14　直接推力控制系统硬件实现框图

控制系统包括主电路、控制对象和控制电路三个部分。主电路包括整流滤波单元和 IPM 逆变单元，控制电路包括 DSP 处理器、电压采样电路、电流采样电路、IPM 隔离驱动与保护电路、速度采样电路。

一、主电路设计

系统的主电路部分主要由整流电路、滤波电路和逆变电路三个部分构成，如图 6-15 所示。三相交流电首先通过桥式整流电路变成直流电，然后经滤波电路获得平滑的直流电压，最后通过逆变电路转变为三相交流电提供给 SW-PMLSM。其中整流电路使用不可控整流桥，滤波电路采用大电容滤波，逆变电路采用 IGBT。

（1）整流电路

整流电路采用三相不可控整流模块把三相交流转换成直流。流过二极管电流的有效值为：

$$I_D=\frac{1}{\sqrt{3}}I_m$$

式中　I_m——电机最大电流的峰值，其值一般取电机额定电流的 5～6 倍，本书所用电机的额定电流 $I_N=25$ A，则：

$$I_D=\frac{1}{\sqrt{3}}I_m=0.577\times(5\sim6)\times I_N=72.125\sim86.55\ \text{A}$$

整流二极管耐压值：

$$U_D=(2\sim3)\sqrt{2}\times380=1\ 074.64\sim1\ 611.96\ \text{V}$$

由上述三式确定且考虑安全裕量，选定的整流桥二极管参数：额定电压 1 600 V、额定电流 100 A。

（2）滤波电路

整流电路输出的直流电压含有脉动成分，此外逆变电路产生的脉动电流及负载变化也会使直流电压发生脉动，因此需要加入滤波环节。本系统采用电解电容滤波。

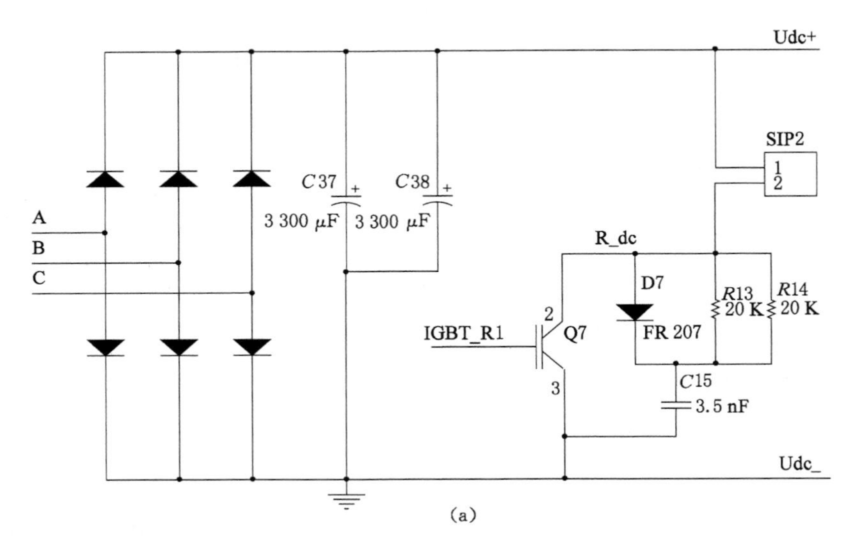

(a)

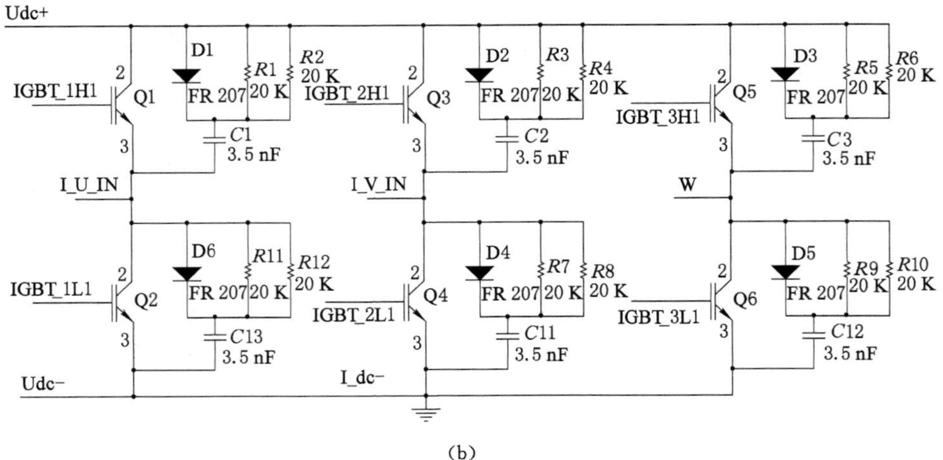

(b)

图 6-15　主电路原理图

假设输入电压的波动范围为 360～400 V，整流后的直流电压 U_{DC} 为 $1.3U_L$，则 400 V 的交流输入整流后的电压为 540 V。假设电源功率因数为 0.9，那么每一个线周期，电容的吸收能量为：

$$E=\frac{P_{OUT}}{\cos\varphi\times f}=\frac{1}{2}C_m(U_{pk}^2-U_{min}^2)$$

式中　P_{OUT}——电机输出功率；

U_{pk}——峰值电压，考虑到纹波需要，最小的交流输入应该在 360 V 以上，所以有：

$$C_m=\frac{2P_{OUT}}{\cos\varphi\times f\times(U_{pk}^2-U_{min}^2)}=\frac{2\times 15\ 000}{0.9\times 50\times(486^2-360^2)}=0.006\ 25\ (F)$$

选择 3300 μF/500 V 的两个电解电容并联作为滤波电容。

(3) 逆变电路

逆变电路的功率器件选用 IGBT，单个 IGBT 导通的峰值电流：

$$I_m=\sqrt{2}\times\lambda\times K\times I_N=\sqrt{2}\times 1.5\times 1.5\times 25=80\ (A)$$

式中　λ——电机过载系数，选为 1.5；

K——电流安全系数，为 1.5。

考虑一定裕量，可选取 IGBT 的实际电流定额 $I_c=80$ A。

此外还应保证集电极-发射极额定承受电压 U_{CEO} 至少应为实际承担的最高峰值电压的 1.2 倍以上，则 IGBT 的耐压值为：

$$U_{CEO}>1.2\times\sqrt{2}\times 380=644\ (V)$$

IGBT 选择 STGWA40N120KD，1 200 V、80 A。

二、IGBT 驱动电路设计

IGBT 驱动电路设计的好坏将直接影响到整个系统的可靠性，本系统 IGBT 的驱动芯片采用美国 IR 公司推出的高压浮动驱动集成模块 IR2110。IR2110 是一种新型的 IGBT 驱动模块，其允许的驱动信号电压上升率达 ±50 V/μs，极大地减小了功率开关器件的开关损耗。另外，由于 IR2110 采用自举法实现高压浮动栅极双通道驱动，可以驱动 500 V 以内的同一相桥臂的上下两个开关管，减小了装置体积，节省了成本。

为了提高抗干扰能力，DSP 输出经过高速光耦 6N137 隔离后控制 IR2110。IGBT 门极驱动电路如图 6-16 所示，光电隔离电路如图 6-17 所示。

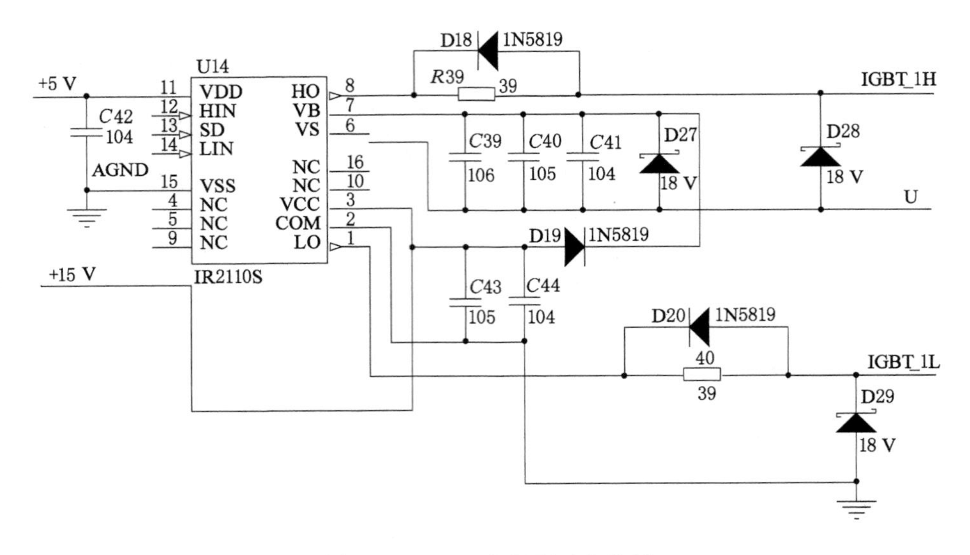

图 6-16 IGBT 门极驱动电路图

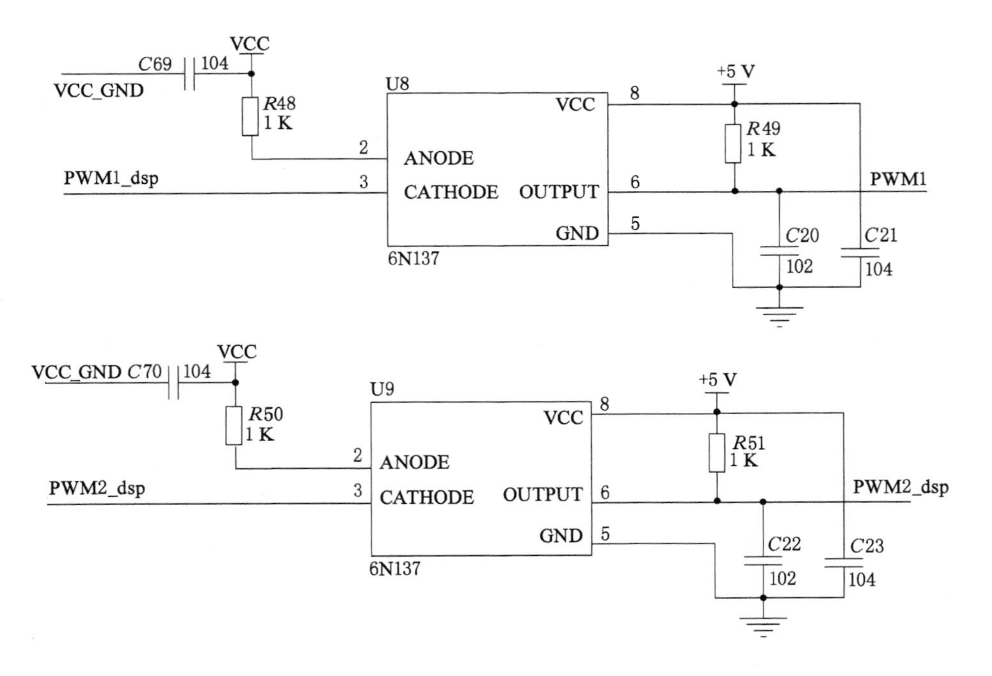

图 6-17 门极驱动光电隔离电路图

三、信号检测与调理电路设计

SW-PMLSM 直接推力控制系统，需要实时采集电机的相电流、直流母线电压和电机速度信号。

（1）直流母线电压检测与调理电路

为了降低硬件成本，直流母线电压检测电路设计时采用了分压电阻的方法，为提高抗干扰能力，采用 HCNR200 高线性度模拟光电耦合器进行信号的隔离，电路图如图 6-18 所示。

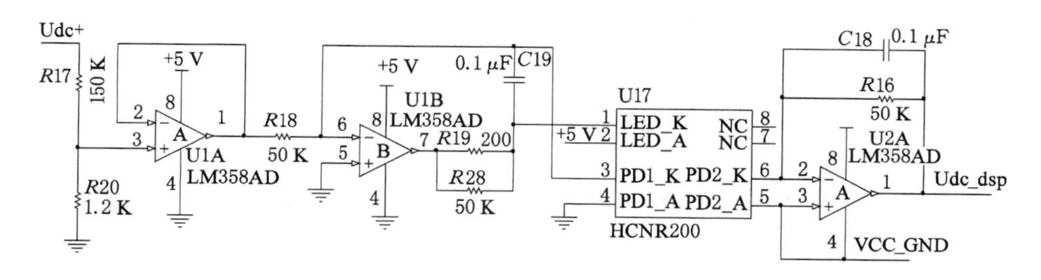

图 6-18　直流母线电压采样电路原理图

（2）直流母线电流检测与调理电路

采集直流母线电流时采用电阻采样法，将采样电阻串联到直流回路，然后经过放大、隔离进入 A/D 转换器，电路原理图如图 6-19 所示。

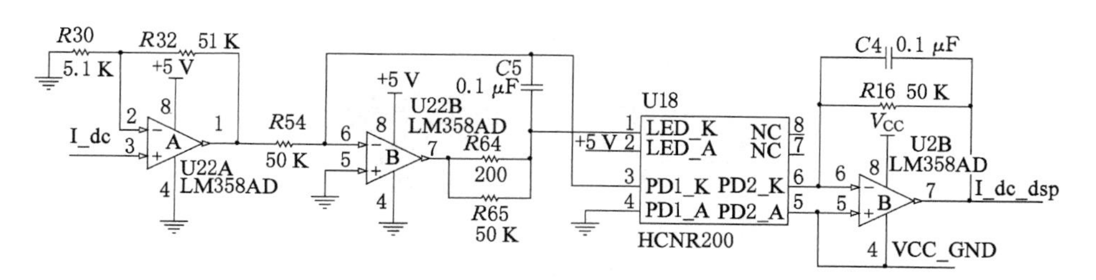

图 6-19　直流母线电流采样电路原理图

（3）A 相电流检测与调理电路

电流采样采用型号为 CS030GT 的霍尔电流传感器，其工作电压为 5 V，原边额定电流有效值为 30 A。霍尔型电流传感器具有测量精度高、抗干扰能力强、频带宽等优点，适合交流调速系统。本系统采用 2 个霍尔电流传感器检测 A 相、B 相电流，经过电流采样电路，变成 0～3.3 V 的电压信号，最后由 TMS320F2812 的 A/D 转换模块将其转换成 10 位精度的二进制数，并保存在数值寄存器中，A 相电流采样电路原理图如图 6-20 所示。B 相电流采样电路与 A 相相同。

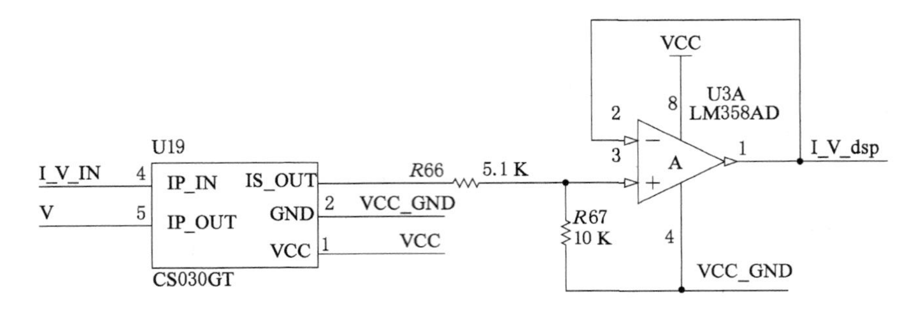

图 6-20　A 相电流采样电路原理图

（4）速度检测与调理电路

直线电机的速度检测是直接推力控制中的一个非常重要的环节，目前常用的检测器件有磁栅和光栅。相对于光栅，磁栅具有成本低、磁栅尺抗干扰能力强的特点，适用于油污、震动等恶劣环境。从实际性能和综合成本考虑，本系统采用磁栅进行速度测量。磁栅安装如图 6-21 所示。

图 6-21　磁栅安装

磁栅测量原理如下：将磁条安装在 SW-PMLSM 基座上，读数头安装在动子上，无接触扫描磁栅尺，读数头读取的测量数据经过内部电路的处理，输出 A、B 差分信号。本系统选择 SIKO MSK5000 磁栅尺（传感器），该传感器为带集成转换模块和数字信号输出的非接触性测量传感器，与 SIKO 磁尺 MB500 相结合，形成了一个开放、坚固耐用的测量系统，具备很高的分辨率，感应磁场距离最大可达 2 mm，传感器及输出信号如图 6-21 所示。

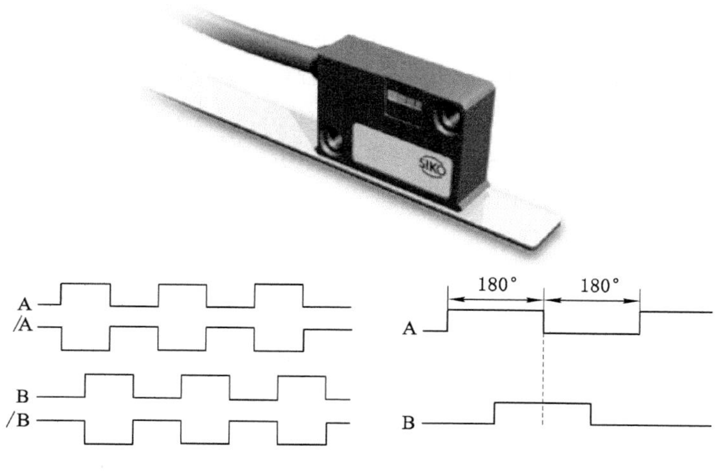

图 6-22　传感器及输出信号

磁栅输出的 A 相和 B 相脉冲信号经过 26ls32 转换成电压信号送给 DSP 的两路正交编码接口 QEP1 和 QEP2，速度采样电路原理图如图 6-23 所示。

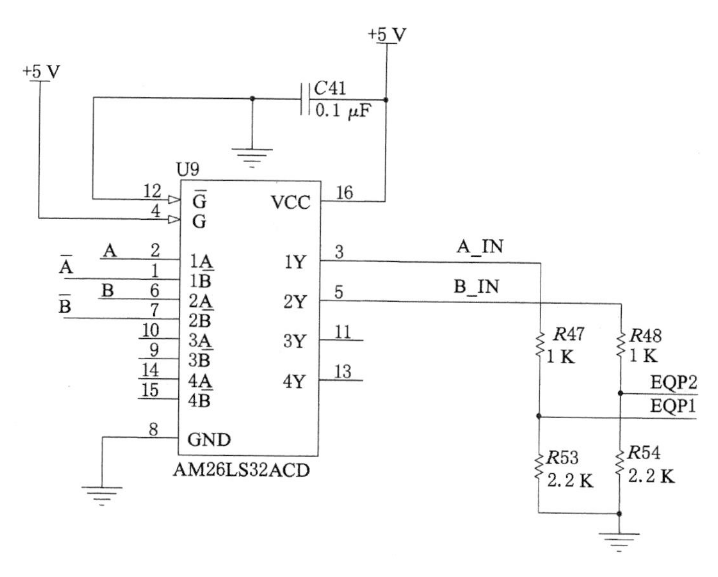

图 6-23　速度采样电路原理图

四 直接推力控制系统软件设计

SW-PMLSM 直接推力控制系统的性能如何在很大程度取决于软件，控制软件除了灵活性、可靠性和通用性之外，还要具有很好的实时性。本系统直接推力控制以 DSP2812 微处理器为控芯片，采用 C 语言作为主要编程语言，结合模块化程序设计思想，将各个功能模块分成子程序，提高系统的可读性、可维护性。

(1) 主程序设计

直接推力控制系统软件主要包括主程序和子程序两类。主程序流程图如图 6-24 所示。主要包括初始化，电机转子的初始定位，开 INT1、INT2 中断，允许定时器中断，中断处理子程序等。

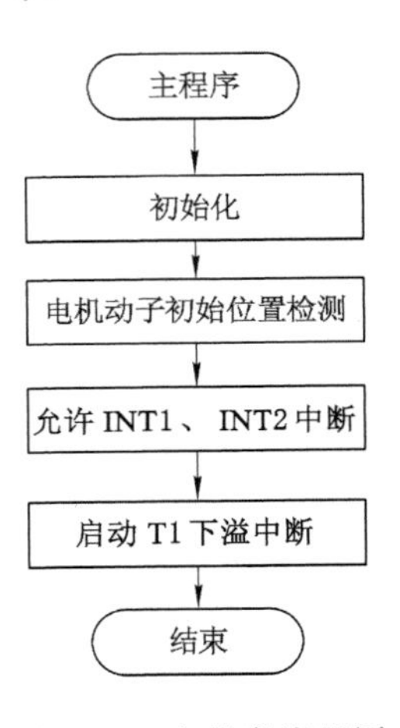

图 6-24 主程序流程图

初始化模块包括关闭所有中断、DSP 系统的初始化、变量的初始化、事件管理器的初始化、A/D 的初始化、正交编码脉冲 QEP 的初始化等。

(2) 动子初始位置检测子程序设计

直接推力控制系统要想顺利启动，必须知道动子的初始位置。PMLSM 在各个方向上磁路的饱和程度是不一样的，各个方向的磁导率也不一样，因此对应于动子的不同方向，初级铁芯的等效电感值有差别。利用 PMLSM 铁芯的磁饱和特性，在施加电压矢量的情况下，测量电流响应的变化即可对初始动子位置进行观察。当逆变器产生的电压矢量解决动子的 N 极时，由于铁芯饱和，产生的 d 轴电流明显增加，利用该原理即可判断出初始动子位置[4]。

磁极位置、永磁磁链与相绕组磁链的关系如图 6-25 所示[4]。图 6-25(a)和图 6-25(c)A 相绕组交链的永磁磁通最多，饱和度最高，电感值最小。图 6-25

(b)和图 6-25(d)永磁磁通路径与 A 轴线正交,A 相磁路最不饱和,电感值最大。

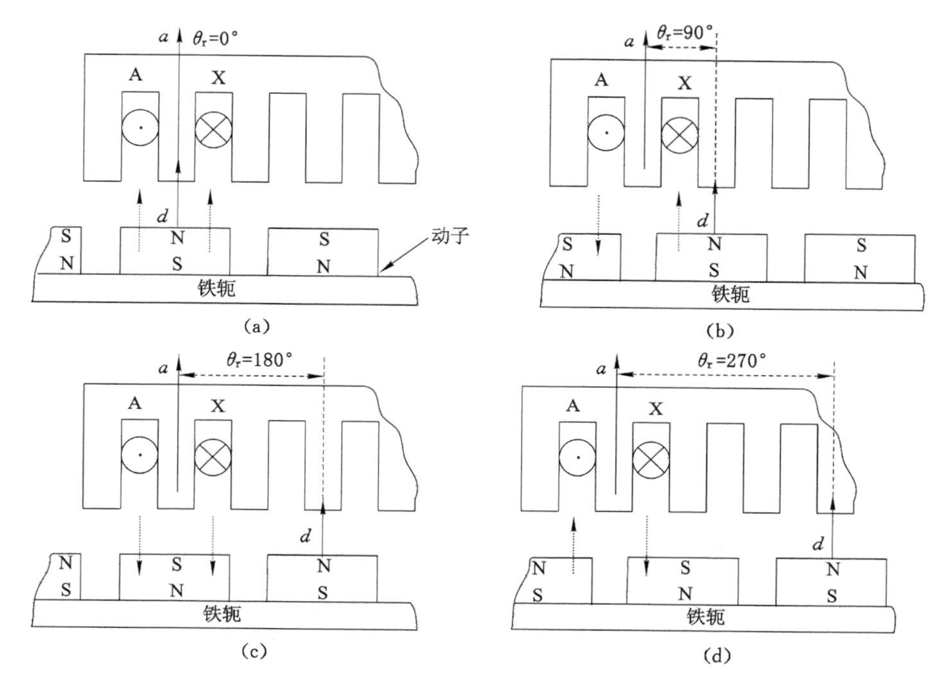

图 6-25　磁极位置、永磁磁链与相绕组磁链的关系

为了估计动子启动时的初始位置,给电机施加一系列相同幅值、相同时间、不同相位的电压脉冲矢量,此时电机是静止的,然后分别检测电机的三相电流,变换为 d 轴电流 i_d,i_d 最大值对应的电压矢量方向角便是 d 轴和 A 相绕组轴线的夹角,即动子初始位置。为了提高估计精度及减少施加电压矢量的次数,先施加 12 个如图 6-26 所示的电压矢量,通过上述方法确定 d 轴所处的分区,再利用二分法施加电压矢量,逐步逼近准确值。

利用软件的方法,可以给电机的定子通以一个已知大小的直流电,这样使定子产生一个恒定的磁场,这个磁场与转子的恒定磁场相互作用,迫使电机转子转到两个磁链重合的位置而停止,从而得到转子的初始相位。

(3) 中断子程序设计

动子初始定位之后就可以允许相应的中断,进入中断等待,等待中断事件产生,中断产生以后就会按照定义好的中断向量表,跳转到相应的中断服务子程序进行相应的计算和处理。中断服务子程序包括保护中断子程序和 T1 下溢中断服务子程序。

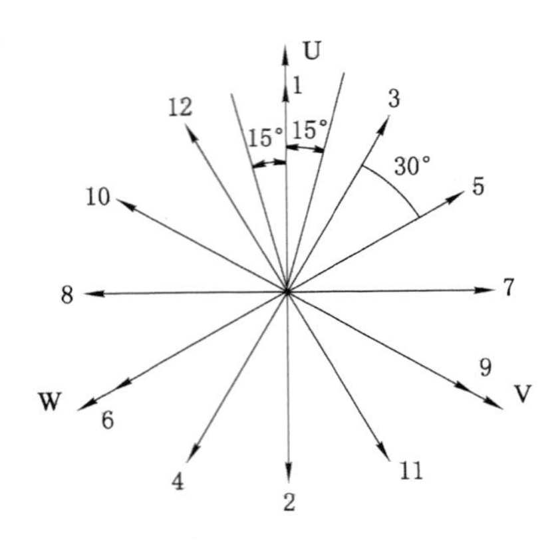

图 6-26　初始位置检测施加的电压矢量图

保护中断响应的外部中断，中断级 INT1 优先级比定时器 T1 中断高。系统一旦发生过流、过压等异常情况，DSP 会进入保护中断响应子程序，首先禁止所有中断，然后封锁 PWM 输出使得电机马上停转，起到保护电机和 IGBT 的作用。

保护中断子程序流程图如图 6-27 所示。

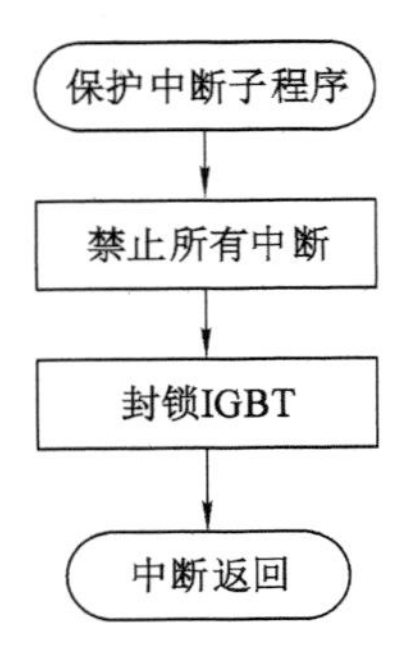

图 6-27　保护中断子程序流程图

定时器 T1 采用增减计数方式，当完成整个周期减计数至零时定时器产生下溢中断，同时定时器开始下一次计数周期。定时器 T1 下溢中断属于中断级 INT2，在初始化定时器时开中断屏蔽寄存器 IMR 和 EVAIMRA 的相应屏蔽位。当中断发生时，CPU 指向中断向量表的相应地址，并置位中断标志 IFR 和 EVAIFRA，CPU 响应中断后，跳转到指定的通用中断服务程序，中断标志 IFR 自动清零，并置位中断方式位 INTM，禁止其他所有可屏蔽的中断。EVAIFRA 的中断标志位需要软件清除。

在 T1 下溢中断子程序中，完成所有的直接推力控制算法。进入中断以后首先保护现场，然后启动 A/D 转换，把由硬件送回来的电流、电压值采集到 DSP

当中。采集回来的数据首先是存储在各自的结果寄存器(RESUTLx,x=0,1,2)当中,从结果寄存器 RESULT0 和 RESULT1 中读出 A 相和 B 相电流值,并计算出 C 相电流,再对三相电流进行坐标变换得到静止坐标系下两相电流。从结果寄存器 RESULT2 中读出直流母线电压的采样值转换到相应的 Q 格式,知道了动子所在的扇区就可以通过查表法得到两相静止坐标系下的电压值,然后就可以进行磁链的估计,进而进行电磁推力估计。

T1 下溢中断子程序流程图如图 6-28 所示。

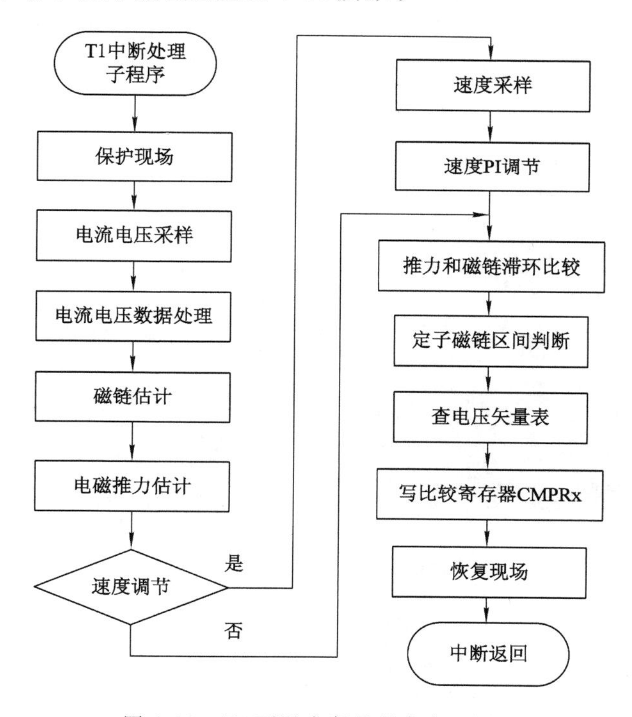

图 6-28　T1 下溢中断子程序流程图

通过 QEP1 和 QEP2 两相正交编码脉冲电路对磁栅传感器的脉冲计数,运用 M/T 法进行速度的计算,可以得到电机的运行速度,而后速度偏差进行 PI 调节,输出值作为推力的给定量。速度环对响应速度的要求低于磁链和转矩环对响应速度的要求,因此规定每一次 T1 下溢中断都要进行磁链和转矩的调节,而每 20 次中断才进行一次速度的采样和 PI 调节。因此在进入速度采样和 PI 调节之前要进行一下判断是否要进入速度调节。

直接推力控制采用滞环比较器对电磁推力和初级磁链进行调节,再对磁链区间进行判断,最终根据开关电压矢量表确定发出六个基本电压矢量的哪一个矢量，相应的写三个比较寄存器的值 CMPR1、CPMR2 和 CMPR3，发出 PWM 波驱动 IPM，进而控制电机运行。

第七节 实验研究

利用绕组分段 PMLSM 直电梯对书中提出的故障诊断与容错控制方法进行了实验验证，实验平台如图 6-29 所示，主要由 SW-PMLSM 直驱电梯、直接推力控制系统、信号检测系统、安全制动系统、PLC 运行控制系统组成。其中，图 6-29(a)为 SW-PMLSM 直驱提升系统实验平台，图 6-29(b)为基于 DSP 的直接推力控制系统，图 6-29(c)为 PLC 运行控制系统。

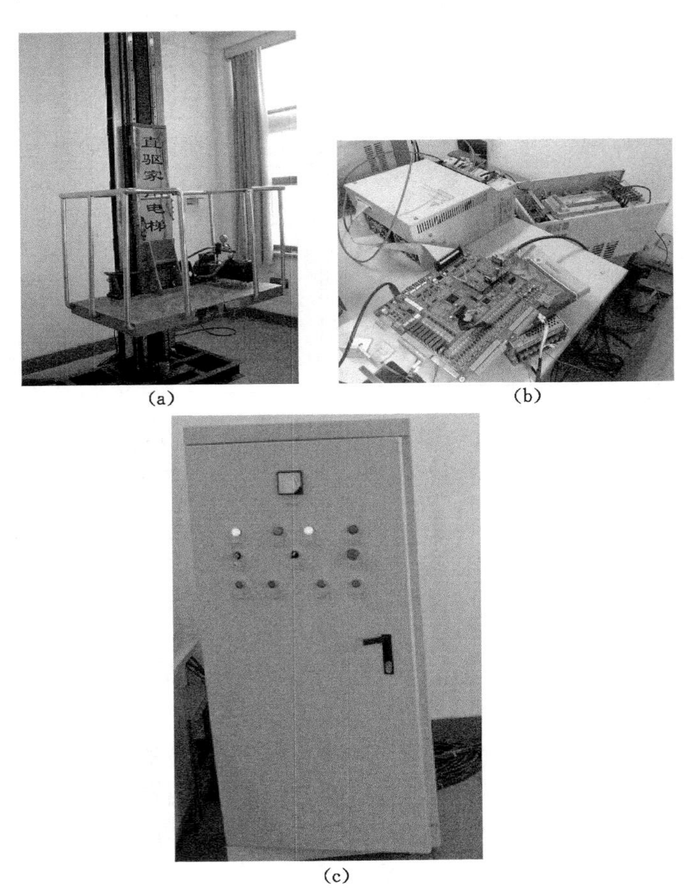

(a) (b) (c)

图 6-29 SW-PMLSM 直驱电梯及控制系统实验平台

(a) SW-PMLSM 直驱提升系统实验平台；(b) 基于 DSP 的直接推力控制系统；(c) PLC 运行控制系统

(1) 能耗制动实验

能耗制动作为 SW-PMLSM 提升系统的后备保护，对保障无绳提升系统的安全运行具有重要作用。我们对 SW-PMLSM 提升系统失电状态下的能耗制动特性进行了实验测试，测试不同载荷时电机能耗制动模式下的运行速度，验证电机在失电后，仅靠能耗制动能否实现平稳下降。实验结果如图 6-30 所示。

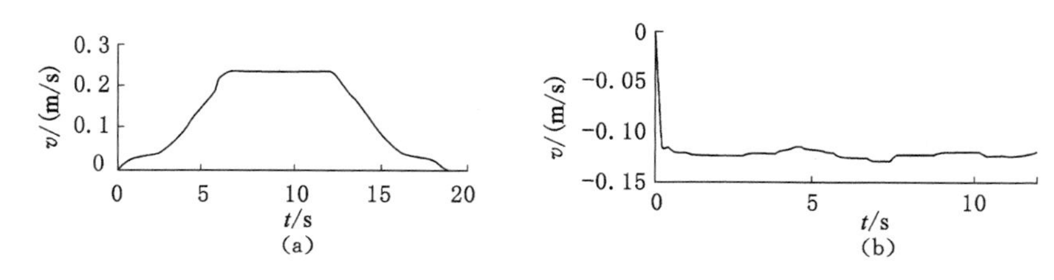

图 6-30　能耗制动实验结果

(a) 手动提升模式下的速度曲线；(b) 能耗制动试验数据

从图 6-30 可以看出，在电机失电状态下，SW-PMLSM 工作于能耗制动模式时，动子可以以一个较低的速度匀速下放。1 500 kg 载荷时的运行速度为 0.13 m/s，电机 1 700 kg 载荷时的运行速度为 0.16 m/s。随着载荷的增加，下降速度增大，但仍能实现匀速下放。能耗制动作为 SW-PMLSM 无绳电梯的后备保护，可以极大地提高无绳提升系统的安全性能。

(2) 绕组切换容错控制实验

在直线电机运行过程中，预先增大 4# 位置接近开关传感器的间距，人为模拟传感器信号丢失故障，故障状态下的直线电机速度波形如图 6-31(a)所示。对于同一故障源，采用容错控制方法后测得的速度波形如图 6-31(b)所示。

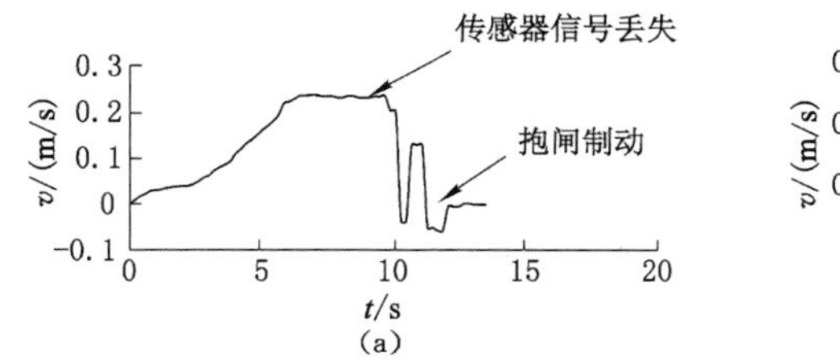

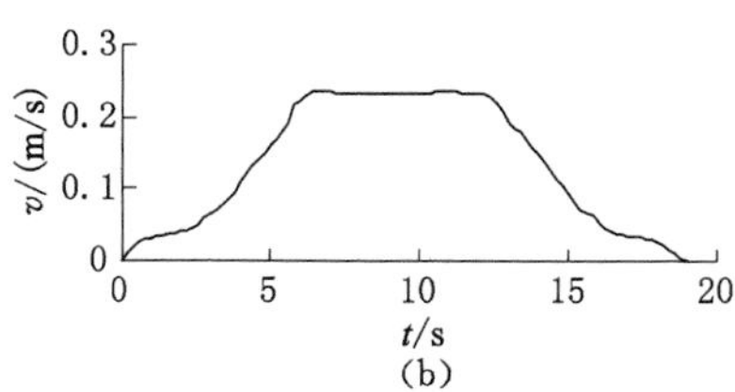

图 6-31　实绕组切换容错控制实验结果

(a) 未采用容错控制时的速度波形；(b) 采用容错控制时的速度波形

从图 6-31 实验结果可以看出，当未采用容错控制方法时，位置接近开关传感器信号丢失将导致电机速度剧烈波动。采用本书提出的故障诊断与容错控制方法后，在检测到位置接近开关传感器故障时，隔离故障传感器，采用估计值替代发生故障的传感器输出驱动信号，可靠切换了绕组分段 PMLSM 定子绕组，系统的可靠性显著提高。

本章参考文献

[1] 张宏伟.绕组分段永磁直线同步电机提升系统稳定运行控制[D].焦作：河南理工大学，2014.
[2] YAMAGUCHI H, OSAWA H, WATANABE T, et al. Brake control characteristics of a linear synchronous motor for ropeless elevator[C]. Proceedings of the 1996 4th International Workshop, 1996:441-446.
[3] ZHANG H W, YU F S, WANG X H, et al. Condition monitoring and fault diagnosis for hoisting system driven by PMLSM[C]. 9th International Symposium on Linear Drives for I, 2013:521-529.
[4] 陆华才.无位置传感器永磁直线同步电机进给系统初始位置估计及控制研究[D].杭州：浙江大学，2008.